· 应用型系列教材 ·

飞行技术基础

主　编◎王浩志　谭燕妮　梁　浩
副主编◎房传新　张永兴　车九妹

U0280846

電子工業出版社·

Publishing House of Electronics Industry

北京·BEIJING

内 容 简 介

虚拟仿真技术对于飞行员飞行训练至关重要。本书通过精心设计，紧紧围绕民用航空法规和飞行训练大纲，为读者提供使用 PCATD 提升飞行基本驾驶技能的路径和方法，既深化理论知识，又强化飞行实践技能，满足飞行训练的需求。全书分为五章，包括 PCATD 使用介绍、C172 机型概述、基本驾驶技术、私照飞行科目、仪表飞行科目。本书内容紧密结合飞行训练实践，图文并茂，有利于读者借助 PCATD 提高飞行基本驾驶技能。

本书内容丰富、理实结合，既可以作为高等学校飞行技术专业、飞行员培训机构的实践教材，也可以作为其他航空类相关专业的专用教材，还可以作为飞行爱好者的参考书。

图书在版编目（CIP）数据

飞行技术基础 / 王浩志，谭燕妮，梁浩主编. —北京：电子工业出版社，2025.2

ISBN 978-7-121-35421-2

Ⅰ. ①飞… Ⅱ. ①王… ②谭… ③梁… Ⅲ. ①民用飞机－飞行术－高等学校－教材 Ⅳ. ①V323.11

中国版本图书馆 CIP 数据核字（2018）第 253353 号

责任编辑：朱怀永
印　　刷：北京七彩京通数码快印有限公司
装　　订：北京七彩京通数码快印有限公司
出版发行：电子工业出版社
　　　　　北京市海淀区万寿路 173 信箱　　邮编：100036
开　　本：787×1092　　1/16　　印张：10　　字数：200 千字
版　　次：2025 年 2 月第 1 版
印　　次：2025 年 2 月第 1 次印刷
定　　价：41.80 元

凡所购买电子工业出版社图书有缺损问题，请向购买书店调换。若书店售缺，请与本社发行部联系，联系及邮购电话：（010）88254888，88258888。

质量投诉请发邮件至 zlts@phei.com.cn，盗版侵权举报请发邮件至 dbqq@phei.com.cn。

本书咨询联系方式：（010）88254608，zhy@phei.com.cn。

前　言

随着全球民航业的蓬勃发展，各大公共运输（通用）航空企业对飞行员的需求日益增加，国内乃至世界范围内的航空院校均承担着繁重的飞行训练任务，因此有必要把好训练"安全关"，提高飞行学员的训练质量。

PCATD（Personal Computer Aviation Training Device）是各航空院校及飞行培训机构普遍使用的地面飞行训练设备。1997 年，美国联邦航空管理局（Federal Aviation Administration，FAA）出台了 AC 61-126 咨询通告，该通告详细规定了 PCATD 的标准和使用要求。以此为标志 PCATD 正式用于飞行训练，并得到中国民航管理部门认可。PCATD 由两大部分构成：模拟飞行软件和外部硬件设备。其中，模拟飞行软件的主要作用是构建飞机模型、空气动力学模型、视景系统，以及仪表系统等；外部硬件设备包含驾驶盘、方向舵脚蹬、俯仰配平等。PCATD 的优势在于低成本、高逼真度，可以帮助飞行学员在学习阶段掌握航空理论知识，训练基本驾驶技术及注意力分配方法。虽然 PCATD 被国内外航校广泛使用，但是长期以来国内并无正式出版的相关教材供飞行学员学习和使用。编者从上述实际情况出发，主要依据《民用航空器驾驶员合格审定规则》（CCAR-61-R5）、咨询通告、飞行训练大纲等编写本书，以为飞行学员理论知识学习阶段的飞行模拟实践提供指导。

本书主要内容包括 PCATD 的使用介绍、C172 机型概述、基本驾驶技术、私照飞行科目、仪表飞行科目，并借助 PCATD 的高仿真度补充了仪表飞行科目相关内容，同时加入了近几年民航界推广的一些航行新技术，如连续下降最后进近（Continuous Decent Final Approach，CDFA）及现代导航相关知识。编者希望读者通过学习本书内容和进行相关训练，具备基本仪表的识读和应用能力，掌握飞行驾驶基本操作，了解飞行程序，能顺利模拟无线电陆空通话，建立飞行过程的整体框架，提高飞行训练时的情境意识和注意力分配能力，最终实现与实际飞行训练良好的衔接。

本书的出版得到了山东省民办本科高校优势特色专业支持计划的大力支持，属于 2021 年山东省本科教学改革研究项目"基于产教融合的航空类专业应用型人才培养研究"的部分研究成果。

由于编者水平有限，书中难免存在疏漏之处，敬请广大读者批评指正。

编　者

2024 年 7 月

目　录

第一章

PCATD 使用介绍

PCATD 是世界范围内航空院校普遍使用的地面飞行训练设备。1997 年，美国 FAA 出台了 AC 61-126 咨询通告，该通告详细规定了 PCATD 的标准和使用要求。以此为标志PCATD 正式用于飞行训练，并得到中国民航管理部门认可。PCATD 由两大部分构成：模拟飞行软件和外部硬件设备。其中，模拟飞行软件的主要作用是构建飞机模型、空气动力学模型、视景系统，以及仪表系统等；外部硬件设备包含驾驶盘、方向舵（Rudder）脚蹬、俯仰配平等。由于外部硬件设备的选取因人而异、区别较大，因此本章主要介绍模拟飞行软件的优势及相关功能。

第一节　模拟飞行软件优势分析

20 世纪 80 年代，模拟飞行软件被用于教学实践，其目的是降低训练成本、保障飞行安全、提高航空公司的收益。Thomas R. Carretta 对模拟飞行软件的应用做了大量调查，调查结果显示约有 25 种飞行任务可以很好地实现从模拟到飞行的迁移。Gustavo A. Ortiz 选择运行在 Zenith 个人计算机上 AzureSoft 公司的 ELITE 模拟飞行软件，基于迁移理论分析了基于个人计算机的飞行仿真效果，试验结果表明飞行仿真训练可以大量减少在飞机上的实际操作时间。此外，John C. Duncan 等人对模拟飞行软件用于飞行机组决策、团队协同及机组资源管理进行了分析。我国一些民航飞行学院已经将模拟飞行软件应用于航空理论教学。

1. 利用模拟飞行软件实施原理教学

飞行原理课程主要内容包括飞机飞行时的空气动力学知识、基本操纵（如平飞、爬升、下降等）及性能参数变化和操纵的关系。由于涉及具体操纵，属于应用型知识，只通过课堂上的理论分析不足以让学员理解实际情况，如平飞时速度、高度等性能参数的保持及变化，操纵杆位置、配平参数等变化对各性能参数的影响，油门和操纵杆的配合等综合应用问题。通过模拟飞行软件，可以使学员更加深入地理解飞行原理知识，更加灵活地运用飞行原理知识分析飞行和指导飞行。例如，飞机失速是一种非常危险的现象，涉及内容包括飞机的大迎角（Angle of Attack）空气动力学、飞机的六自由度运动等一系列运动学和动力学知识。相关知识存在学员难懂、教师难教的现象。利用模拟飞行软件，可以模拟飞机失速现象和全过程，让学员了解失速的产生原因、机理和结果，掌握改出失速的操作要领，从而大大提高教师教学效果及学员的理论分析和判断能力。

模拟飞行软件使得空中领航及飞行仪表的教学过程变得直观。模拟飞行软件是按照实际飞行环境构建的完整的模拟系统，和真实飞行环境非常接近。空中领航教学中无线电领航部分的各种无线电仪表［如无线电磁指示器（Radio Magnetic Indicator，RMI）、水平状态指示器（Horizontal Situation Indicator，HSI）］的判读、电台方位的判断、飞机方位的判断、各种领航定位方法的演示、飞行程序的运行等都可以在模拟飞行软件上进行模拟，并可以根据实际需要显示飞行轨迹分析结果等。这些都是飞行模拟相对于实际飞行独有的优势。通过飞行模拟，学员能够了解实际飞行过程涉及的空中领航理论知识，并能形象地理解这些知识，同时知道应该如何运用这些知识。

以向台飞行为例，通过无线电磁指示器的指针可以判断无指向性无线电信标（Non-Directional Beacon，NDB）是否在飞机正前方，如果是，就通过航向判断飞机是否在预选航道上，在有侧风的情况下，还需要估计偏流的大小并进行修正。模拟飞行试验可以让学员主动判断风向、风速，通过飞行效果和仪表指示参数判断飞机状态的偏差，并及时修正；促使学员在思考中总结，较好地增强学员对空中领航理论知识的应用能力。

2. 利用模拟飞行软件实施情境意识训练

情境意识是在一定的时间和空间内对环境中所有因素的了解，对环境中所有因素的内涵的领悟和对其在不久的将来的状态的预测，是学员心里关于航空器在三维运行空间里的图像，包括领航和地形、航空器外形和安全飞行，以及各系统状态。

飞行学员可充分利用模拟飞行软件在飞行训练方面的优势进行基于情境的训练。课程模块和练习组成了许多场景，这些场景提供了课程或练习的背景，包含专门为评估培训目标设计的一组线索、事件和条件。可在模拟飞行软件中设置系统故障或失效等特殊情况，以训练学员在非正常程序下的操作及应变能力；可通过在场景中设置各种威胁，来提高学员识别和管理威胁的能力。模拟飞行软件能根据课程进度，逐渐增加情境训练的复杂程度，使训练更接近真实运行环境，循序渐进地提高受训者的综合素质。

模拟飞行软件具有高逼真性，能够模拟某一机型飞机的全部飞行性能和状态，因此可以根据学员对相关知识和技能掌握程度的不同，选择某些特殊科目（如飞机失速、大侧风、剧烈颠簸、风切变、进入尾流等），或者人为设置某些故障（如发动机失火、发动机空中停车再启动、起落架故障下的迫降等），以使每个学员体验这些特殊情况或故障现象，了解相关原因、危害、解决办法及处置程序，熟练地运用掌握的程序和方法排除故障、走出困境，提高学员的情境意识。

3. 利用模拟飞行软件实施角色扮演

针对不同学习要求，利用模拟飞行软件可以进行不同的试验内容。对于民航空中交通管制（Air Traffic Control，ATC）及签派等专业，着重于飞机性能的试验，如起飞、爬升、巡航、着陆等；对于飞行专业，除了对飞机性能进行仿真模拟，还需要增加有关飞行控制的高级试验，如无线电领航、带有侧风的飞行及出现故障时的操作等。

模拟飞行软件支持联网运行，可以构建理想的多机飞行环境。实践表明，多机联网的模拟环境比单个飞行模拟能构建更真实的训练环境。

利用模拟飞行软件可以模拟空中交通管制员的角色和职责，可以直接通过语音通信方式在网络内进行与真实飞行环境一样的飞行管制服务，实现了飞行员与空中交通管制员真实的信息交流训练。空中交通管制员的加入使得飞行模拟按照实际飞行组织模式进行，飞行员必须考虑所在飞机与其他飞机的垂直、水平间隔，并且需要与空中交通管制员保持通话，从而提高无线电陆空通话水平。

利用模拟飞行软件可以进行同机多角色协调训练。模拟训练设备可让两名受训者和多人制运行环境中的多名受训者同时进行训练。两名具备相似飞行经历的受训者作为机组成员担任不同角色进行训练，有助于培养受训者的机长意识、副驾驶意识，锻炼其多人制机组运行时的决策能力、机组配合能力、机组协调能力、交流能力、团队协作能力等非飞行技能。

4. 利用模拟飞行软件教学的优势分析

利用模拟飞行软件可以创设良好的虚拟学习环境，实现"真实情境"下的形象化教学。在飞机模拟环境中，学员通过驾驶盘、操纵杆等传感系统来控制飞机的起飞、降落。学员看到的是逼真的机场环境，以及各种各样的仪表和指示灯；听到的是机舱环境中的声音；感觉到的是机舱相对于跑道的运动和驾驶盘、操纵杆所具有的真实触觉。PCATD 通过模拟飞行环境中视觉、听觉、触觉等感觉器官的"真实"感受，把学员带入一个"真实"的飞行环境。

模拟飞行软件彻底打破了时间、空间的限制。建构主义主张学习情境与实际情境相结合，因为实际情境具有生动性和丰富性，能使学员掌握高级知识。然而在现实生活中有些情境不是时时刻刻存在的，如飞行过程中出现发动机停车。利用模拟飞行软件实施教学，增强了学员的感性认识，弥补了课堂教学中"教室中驾驶飞机"的不足，理论联系实际。

模拟飞行软件弥补了教学条件的不足，避免了危险。利用模拟飞行软件，可以解决学校普遍存在的试验设备不足、设备型号落后，以及因教学经费和场地缺乏而难以跟上民航发展速度等方面的不足，并且有助于解决真实试验操作带来的各种危险问题，使学员足不出户便可以进行各种各样的飞行试验，获得与真实训练一样的体验，加深对教学内容的理解。

第二节　模拟飞行软件功能介绍

目前，可作为教学使用的模拟飞行软件有很多，微软模拟飞行系列、洛克希德·马丁公司的 Prepar3D、Laminar Research 公司的 X-Plane 等模拟飞行软件对机型、飞行环境、空气动力等有很逼真的模拟，而且借助第三方插件可实现更逼真的飞行体验。

本章主要针对目前被广泛使用的微软模拟飞行系列中的模拟飞行 10——Flight Simulator X 进行介绍。图 1-1 所示为 Flight Simulator　X 主界面。

图 1-1　Flight Simulator　X 主界面

主界面左侧有一列菜单，自上而下为 HOME（主页）、FREE FLIGHT（自由飞行）、MISSIONS（任务模式）、MULTIPLAYER（多人制飞行）、PILOT RECORDS（飞行记录）、LEARNING CENTER（学习中心）、SETTINGS（设置）。下面对其中与实际教学相关的功能进行讲解。

一、基本设置

单击 FREE FLIGHT 菜单，主界面右侧将显示如图 1-2 所示界面，主要有 CURRENT AIRCRAFT（当前机型）、CURRENT LOCATION（当前位置）、CURRENT WEATHER（当前天气）、CURRENT TIME AND SEASON（当前时间和季节）等选项。

图 1-2　FREE FLIGHT 界面

1. CURRENT AIRCRAFT

单击 CURRENT AIRCRAFT 选项，进入机型选择界面，如图 1-3 所示。在该界面中有多种机型可供选择，如通用飞机、支线客机、干线客机、直升机等。双击要使用的机型或在选择机型之后单击 OK 按钮。教学常用飞机为 C172 机型，在 Flight Simulator X 中 C172 型号的飞机有两种，分别装有传统机械式仪表的 C172 机型和装有 Garmin 1000（简称 G1000）系统的 C172 机型。对于侧重练习飞行时注意力分配方法的，建议选择装有传统机械式仪表的 C172 机型；对于侧重学习 G1000 系统应用的，建议选择装有 G1000 系统的 C172 机型。以上内容在后面章节有详细介绍。

2. CURRENT LOCATION

单击 CURRENT LOCATION 选项，进入机场选择界面，如图 1-4 所示。最上面为 Search airports（搜索机场）栏，其中有三个文本框，即 By airport name（机场名称搜索）文本框、

By airport ID（机场四字代码搜索）文本框、By city（机场所在城市搜索）文本框，分别对应三种搜索方法。例如，在 By airport ID 文本框中输入"KSEA"（西雅图国际机场），下面的 Search results（搜索结果）栏就会显示对应的机场。不仅能选择飞机当前所在机场，还可以选择飞机在该机场的初始位置。在 Filters（过滤器）栏中单击 Choose runway/starting position（选择跑道/初始位置）下拉按钮，在打开的下拉列表中将会出现不同的跑道和不同的停机位等，如图 1-5 所示。选择需要的初始位置后单击 OK 按钮即可。学员可以结合对应机场的机场图使用此功能从某一初始位置沿滑行道将飞机滑行至起飞跑道。

图 1-3　机型选择界面

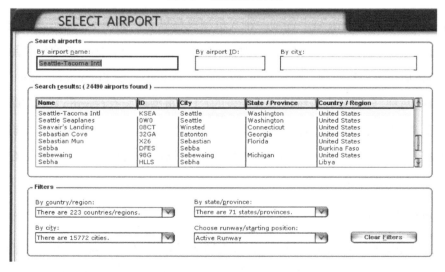

图 1-4　机场选择界面

Choose runway/starting position:

Active Runway

16L
16R
34L
34R
GATE A 1 -- GATE SMALL
GATE A 10 -- GATE SMALL
GATE A 11 -- GATE SMALL
GATE A 12 -- GATE SMALL
GATE A 13 -- GATE SMALL
GATE A 14 -- GATE SMALL
GATE A 15 -- GATE SMALL

图 1-5　Choose runway/starting position 下拉列表

3. CURRENT WEATHER

单击 CURRENT WEATHER 选项，进入天气选择界面，如图 1-6 所示。该界面左侧为 Weather options（天气选项）选项，其中包含 4 个单选按钮，即 Weather themes（天气主题）单选按钮、Real-world weather（static）［真实天气（静态）］单选按钮、Real-world weather（Updated every 15 minutes）［真实天气（每 15 min 更新一次）］单选按钮、User-defined weather（用户自定义天气）单选按钮。

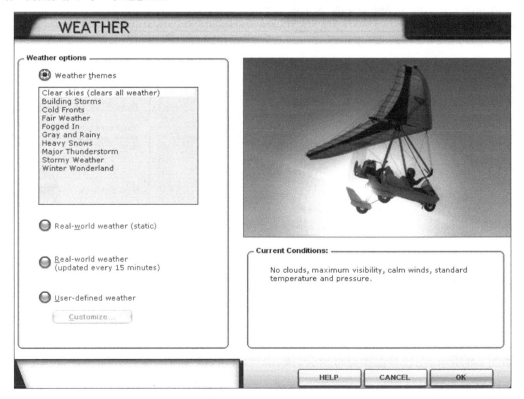

图 1-6　天气选择界面

Weather themes 单选按钮下的列表框中包含一些简单的天气主题，如晴天、雾天、雨雪天等。如果计算机连接了互联网，就可以使用 Real-world weather（static）单选按钮和 Real-world weather（updated every 15 minutes）单选按钮，在选择前者后会将真实天气加载到模拟飞行环境中，但不会更新变化；在选择后者后同样会将外界真实天气加载到模拟飞行环境中，但每 15 min 就会对天气进行更新，也就是说使用的基本是实时天气。

对于教学而言，最适用的是选择 User-defined weather 单选按钮后的功能——可以根据课程需求制定细致的气象条件。选择 User-defined weather 单选按钮后，单击下方的 Customize 按钮，进入自定义天气界面，如图 1-7 所示，其中 Conditions（气象条件）栏中包含设置云量、降雨、能见度、风速和风向的选项。

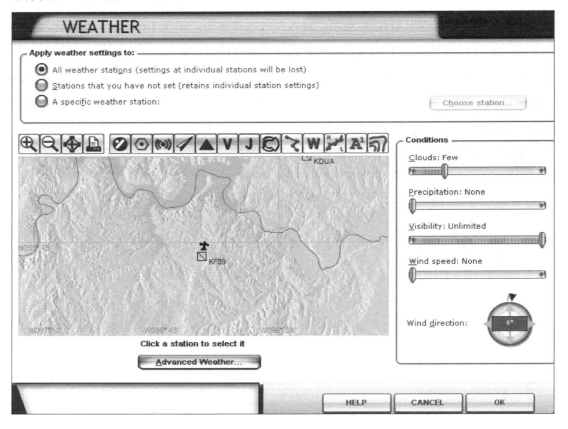

图 1-7　自定义天气界面

在自定义天气界面中单击 Advanced Weather（高级天气）选项，进入高级天气设置界面，如图 1-8 所示。在该界面中可以对云、风、温度/气压、能见度等进行详细设置。在 CLOUDS（云）标签页中可以设置的内容包括云顶高、云底高、云类型（卷云、积云等）、云量、颠簸/乱流、积冰情况等。在 WIND（风）标签页中可以设置的内容包括风向、风速、阵风、乱流、风切变等。在 TEMP/PRESSURE（温度/压力）标签页中可以设置的内容包括温度、露点温度、修正海平面气压（Query Normal Height，QNH）。在 VISIBILITY（能见度）标签页中可以设置的内容包括不同高度的能见度。

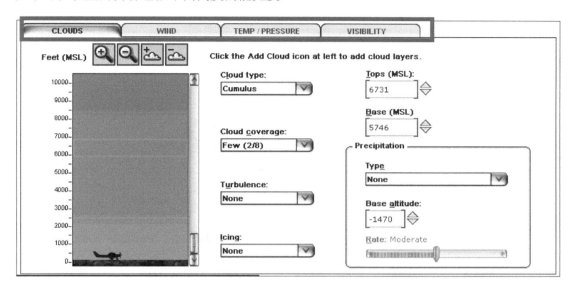

图 1-8　高级天气设置界面

在实际飞行训练中常遇到的特殊天气基本都能在模拟飞行软件中模拟，这体现了模拟飞行软件的实用性。例如，对于仪表飞行程序、空中领航课程，可以使用模拟飞行软件设置低能见度时运用无线电领航和盲降的训练内容，让学员体会低能见度条件下飞机的运行；对于飞行原理课程，可以使用模拟飞行软件设置一定的侧风，让学员练习侧风条件下的巡航和进近操作等。依照课程需要对相应的参数进行设置，加深学员对理论知识的理解，这对飞行技术专业教学有重要意义。

4. CURRENT TIME AND SEASON

单击 CURRENT TIME AND SEASON 选项，进入时间和季节选择界面，如图 1-9 所示。在该界面可以对时间和季节进行设置，可以将时间设置为黎明、白天、傍晚和晚上；可以将季节设置为春季、夏季、秋季、冬季。该界面中的设置可以满足夜航训练的模拟需求，也可以满足昼间执行 VFR（Visual Flight Rules，目视飞行规则）训练的模拟需求。

按需设置完毕后，单击 Flight Simulator X 主界面右下角的 FLY NOW 按钮，开始飞行。

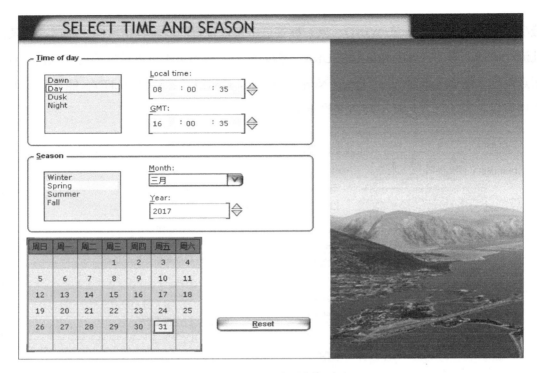

图 1-9　时间和季节选择界面

二、故障设置

在 FREE FLIGHT 界面右侧有 Failures（失效/故障）按钮，如图 1-10 所示，单击此按钮，进入故障设置界面，如图 1-11 所示。在该界面中可以对仪表、系统、无线电、发动机和控制系统进行设置。可以根据实际情况，设置单独组件的故障。例如，依次选择 INSTRUMENTS→Single component failures→Airspeed indicator 1 选项，勾选 Failed 复选框，即可直接使用空速表 1 故障；也可先勾选 Armed 复选框，再选择故障的起止时间后单击 OK 按钮。也可选择在飞行过程中随机发生故障：选择 Random component failures 单选按钮，再在下面的框中设置故障组件个数、故障起止时间，设置完成后单击 OK 按钮。按需设置完毕后，单击 Flight Simulator X 主界面右下角的 FLY NOW 按钮，开始飞行。故障设置功能能够使学员掌握飞行过程中特殊情况的处置程序，以满足理论知识教学和飞行训练要求。

图 1-10　Failures 按钮

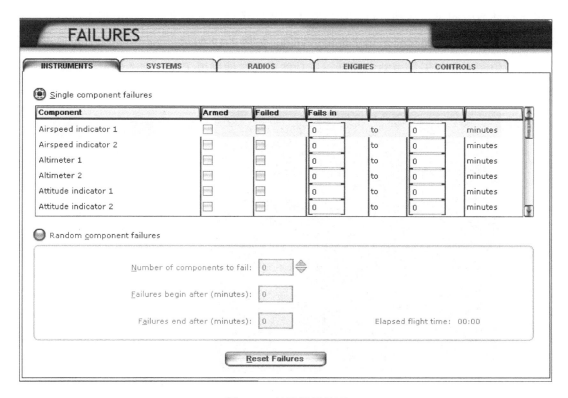

图 1-11 故障设置界面

三、学习中心

单击 Flight Simulator X 主界面左侧菜单栏中的 LEARNING CENTER 菜单，进入学习中心界面，其中包含 4 个选项，即 KEY TOPIC 选项、SITE MAP 选项、INDEX 选项、LESSONS 选项。单击 LESSONS 选项后，可观看包括学生飞行员、私照（Private Pilot）飞行员、仪表飞行员、商照飞行员和航线运输飞行员在内的相关课程讲解。飞行学员可以结合自身情况，借助该功能实现自主学习。不同的训练内容均有模拟教员测试部分，飞行学员可以选择相应的测试科目对前期训练内容进行实践检查，系统最后会给出对飞行学员测试情况的评价。

四、多人制飞行

单击 Flight Simulator X 主界面左侧菜单栏中的 MULTIPLAYER 菜单，进入多人制飞行界面。多台装有 Flight Simulator X 的计算机在同一网络环境下，可以模拟多人制在同一模拟飞行环境中的飞行活动。该功能可实现角色的选择：空中交通管制员和飞行员。空中交通管制员扮演方可通过显示器实现雷达管制，如图 1-12 所示；飞行员扮演方可通过调整正确的通信频率实现无线电陆空通话。该功能更真实地模拟了飞行训练情况，建立了学员的飞行情境意识，提高了学员无线电陆空通话水平。

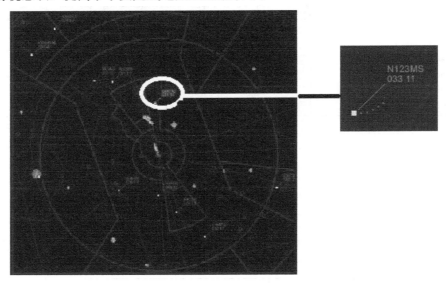

图 1-12　雷达显示

五、飞行分析

飞行分析功能对于学员练习基本驾驶技能和注意力分配方法有很大帮助。当学员完成某一飞行科目后，选择 Flight Analysis 选项可以显示学员所完成科目的水平轨迹和垂直轨迹，拖动下方的滚动条可以动态察看各个时刻的飞行轨迹和对应的飞行数据，如图 1-13 所示，这使得学员能更直观地发现飞行偏差，从而分析导致偏差的原因，纠正错误操纵。

图 1-13　飞行分析

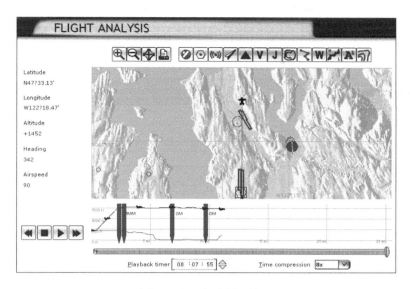

图 1-13　飞行分析（续）

　　以上介绍了模拟飞行软件中最常用的功能。合理利用以上功能能够大大提高课堂效率，做到理论与实践相结合，加深学员对航空理论知识的理解，建立学员对飞行的正确认识。

第二章
C172 机型概述

　　塞斯纳飞机公司的经典之作 Cessna 172（简称 C172）是流行的单发教练机，因杰出的安全记录和优秀的操作性能成为最适合飞行驾驶训练的飞机，被众多航校作为培训教练机。

　　对 C172 型号下的 C172R 机型选装 NAV III 电子设备（简称 C172R NAV III），本书据此对相关内容进行介绍。

第一节　C172R NAV III 机型介绍

一、性能数据

1. 速度、巡航、爬升性能

① 海平面最大速度为 123 KIAS（飞机的指示空速）。

② 巡航 8000 ft（英尺）[①]时 80% 推力巡航速度为 122 KIAS。

建议根据燃油油量在巡航时使用贫油混合气。

③ 8000 ft 巡航时 80% 推力航程为 580 n mile（海里）[②]；53 gal（加仑，美制）[③]可用燃油飞行时间为 4.8 h。

④ 10000 ft 巡航时 60% 推力航程为 687 n mile；53 gal 可用燃油飞行时间为 6.6 h。

⑤ 海平面爬升速度为 720 ft/min。

⑥ 实用升限为 13500 ft。

---

① 1 ft = 0.3048 m。

② 1 n mile = 1852 m。

③ 美制 1 gal = 3.785411784 L。

2. 起飞性能

① 地面滑跑距离为 945 ft。

② 50 ft 越障总距离为 1685 ft。

3. 着陆性能

① 地面滑跑距离为 550 ft。

② 50 ft 越障总距离为 1295 ft。

4. 失速速度（Stall Speed）

① 襟翼收上，油门收光时失速速度为 51 KCAS。

② 襟翼放下，油门收光时失速速度为 47 KCAS。

5. 最大重量、载荷及容量

① 最大停机坪重量为 2457 lb（磅）[①]。

② 最大起飞重量为 2450 lb。

③ 最大着陆重量为 2450 lb。

④ 标准空机重量为 1639 lb。

⑤ 最大有效载荷为 818 lb。

⑥ 行李舱允许重量为 120 lb。

⑦ 机翼最大载荷为 14.1 lb/in^2（磅/平方英寸）。

⑧ 最大推力负载为 15.3 lb/HP（磅/马力）。

⑨ 燃油最大容量为 56 gal。

⑩ 滑油最大容量为 8 UKqt（夸脱）[②]。

6. 发动机

① 制造商为 Textron Lycoming，型号编号为 IO-360-L2A。

② 2400 RPM（转/分）时功率为 160 HP（马力）[③]。

---

① 1 lb = 0.4536 kg。

② 1 Ukqt = 1.1365 L。

③ 1 HP = 735.499 W。

7. 螺旋桨

固定桨距，直径为 75 in（英寸）[①]。

以上性能数据基于飞机的重量为 2450 lb、标准大气条件、跑道水平、硬道面、干跑道及无风的情况。这些数据的计算源自塞斯纳飞机公司在对应条件下进行的飞行测试，并且这些值将随不同的飞机和影响飞行性能的多种因素的变化而变化。

二、正常操作空速

除非另有规定，以下速度基于 2450 lb 的飞机重量，并可以在任何较小的重量下使用。

1. 起飞

① 正常爬升时速度为 70～80 KIAS。

② 短跑道起飞、襟翼 10°、50 ft 时速度为 57 KIAS。

2. 航路爬升，襟翼收上

① 从海平面高度爬升，正常爬升速度时的操作空速为 75～85 KIAS。

② 从 10000 ft 高度爬升，正常爬升速度时的操作空速为 70～80 KIAS。

③ 从海平面高度爬升，最佳爬升速度时的操作空速为 79 KIAS。

④ 从 10000 ft 高度爬升，最佳爬升速度时的操作空速为 71 KIAS。

⑤ 从海平面高度爬升，最佳爬升角时的操作空速为 60 KIAS。

⑥ 从 10000 ft 高度爬升，最佳爬升角时的操作空速为 65 KIAS。

3. 着陆进近

① 正常进近，襟翼收上时的进近空速为 65～75 KIAS。

② 正常进近，襟翼 30° 时的进近空速为 60～70 KIAS。

③ 短跑道着陆，襟翼 30° 时的进近空速为 62 KIAS。

4. 复飞

最大功率，襟翼 20° 时的复飞速度为 55 KIAS。

5. 最大推荐颠簸穿越速度

① 重量为 2450 lb 时，最大推荐颠簸穿越速度为 99 KIAS。

---

① 1 in = 2.54 cm。

② 重量为 2000 lb 时，最大推荐颠簸穿越速度为 92 KIAS。

③ 重量为 1600 lb 时，最大推荐颠簸穿越速度为 82 KIAS。

6. 最大演示侧风速度

起飞或着陆时，最大演示侧风速度为 15 KNOTS（海里/小时）。

三、三视图

三视图如图 2-1 所示。

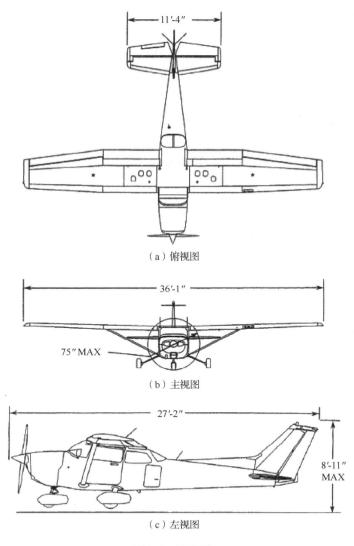

（a）俯视图

（b）主视图

（c）左视图

图 2-1　三视图

- 图示的翼展（见图 2-1）装有频闪灯。

- 机轮底座长 65 in。

- 螺旋桨距地面距离为 $11\frac{1}{4}$ in。

- 机翼面积为 174 ft^2[①]。

- 最小转弯半径（从中心点到外侧翼尖）为 27 ft $5\frac{1}{2}$ in。

- 正常的地面姿态前轮减震支柱伸出长约 2 in，且机翼水平。

四、机型描述

本机型为全金属、四座、上单翼、单台发动机飞机，安装有前三点式起落架，设计用于常规使用和训练飞行。

（一）飞行操纵

如图 2-2～图 2-4 所示，飞机的飞行操纵系统通常由副翼（Aileron）操纵系统、方向舵操纵系统及升降舵（Elevator）操纵系统组成。飞行员通过人工控制驾驶盘，来操纵钢索与机械连杆，以及副翼和升降舵；通过控制方向舵/刹车脚蹬，来操纵方向舵。

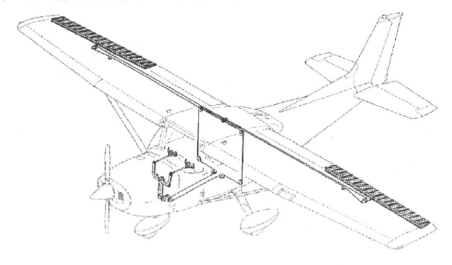

图 2-2　副翼操纵系统

---

① 1 ft^2 = 0.09290304 m^2。

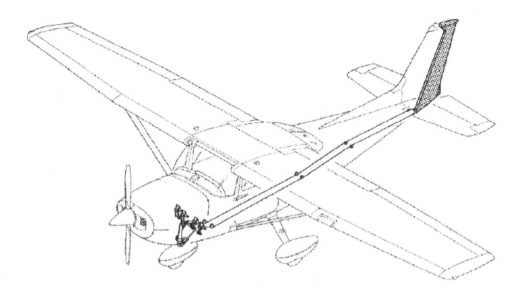

图 2-3　方向舵操纵系统

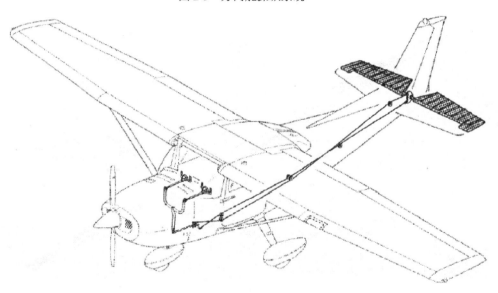

图 2-4　升降舵操纵系统

该飞机有人工操纵的升降舵配平操纵系统（见图 2-5）。升降舵配平是通过垂直安装在驾驶舱里的配平控制轮来控制升降舵配平调整片（Trim Tab）而完成的。向前旋转配平控制轮可以使机头向下配平；向后旋转配平控制轮可以使机头向上配平。

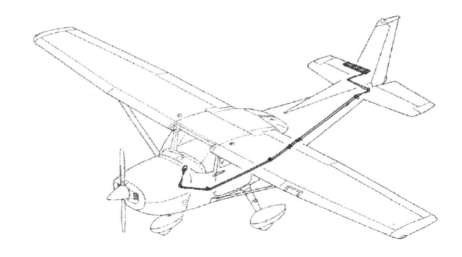

图 2-5　升降舵配平操纵系统

（二）飞行仪表

飞机座舱内部结构和布局如图 2-6 所示。

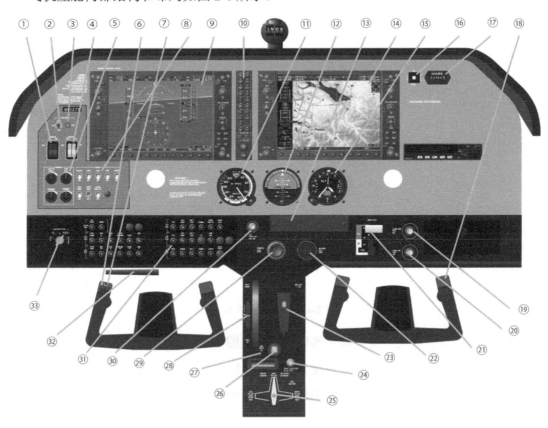

图 2-6　飞机座舱内部结构和布局

图 2-6 中按照序号依次如下。

① 总电门（ALT 和 BAT）。

② 备用电瓶电门。

③ 备用电瓶测试指示器。

④ 电子设备电门（BUS1 和 BUS2）。

⑤ 照明亮度调节面板。

⑥ 自动驾驶/电子升降舵配平断开电门（若安装）。

⑦ 麦克风电门。

⑧ 电气电门。

⑨ 主飞行显示器（Primary Flight Display，PFD）。

⑩ 音频控制面板（Audio Control Panel，ACP）。

⑪ 备用空速指示器。

⑫ 备用姿态指示器（Attitude Indicator，AI）。

⑬ 自动驾驶仪（若安装）。

⑭ 多功能显示器（Mutt-Function Display，MFD）。

⑮ 备用高度表。

⑯ ELT（Emergency Locator Transmitter，应急定位发射器）控制开关/信号灯。

⑰ 飞行计时器。

⑱ 麦克风电门。

⑲ 座舱加温控制器。

⑳ 座舱空气控制器。

㉑ 机翼襟翼电门控制杆和位置指示器。

㉒ 混合比控制手柄。

㉓ 手持式麦克风。

㉔ 燃油关断活门。

㉕ 燃油选择活门。

㉖ 12 V/10 A 电源插座。

㉗ 辅助音频输入插孔。

㉘ 升降舵配平控制轮和位置指示器。

㉙ 油门（带摩擦锁）。

㉚ 备用静压活门。

㉛ 断路器面板。

㉜ 停留刹车手柄。

㉝ 磁电机电门。

目前多数初教机装有 G1000 系统，该系统将传统机械式仪表的相关飞行参数融合到了两块显示器上（PFD 和 MFD），可同时显示飞机实时位置、机场、地形、航路、导航台等信息，提高了飞行员的情境意识，也减小了飞行员的工作负荷。G1000 系统面板如图 2-7 所示。

对于传统机械式仪表来说，飞机的不同状态参数分别用不同的、独立的仪表的指针指示，虽然没有 G1000 系统容易识别，但对于飞行过程中注意力分配方法的训练有很大帮助。

因此，掌握两种不同类型的仪表面板均是有必要的，下面将分别对这两种类型的仪表面板进行介绍。

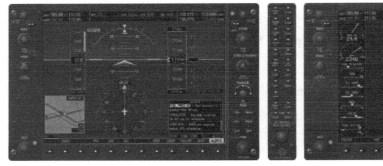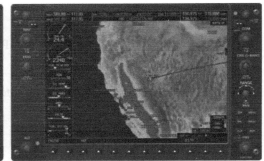

图 2-7　G1000 系统面板（左 PFD，右 MFD）

1. G1000 系统

G1000 系统主飞行仪表指示的信息显示在 PFD 上。主飞行仪表在 PFD 上基本呈 T 形分布。姿态指示器和 HSI 垂直分布在 PFD 的中央，并以传统的方式显示和工作。由固定指针和数字形式显示的垂直带状（滚动刻度）指示器显示空速、高度和垂直速度，代替了有弧度刻度旋转指针的模拟指示器。

旋钮、旋钮组（同一个轴上的两个旋钮）、按压式按钮位于 PFD 的边框上。它们用于控制通信（COM）、导航（NAV）、应答机（Transponder，简称 XPDR）、全球定位系统（Global Positioning System，GPS）电子设备，设置气压（BARO）、航道（CRS）、航向（HDG），以及进行各种飞行管理。有些按钮只用于特定的功能（硬键），有些按钮的功能由软件定义（软键）。一个软键会在不同时刻根据计算机软件的设定实现不同的操作或功能。这些软键位于 PFD 边框的底部。

（1）姿态指示器

G1000 系统中的姿态指示器位于 PFD 的正上方，如图 2-8 所示。姿态指示器的数据来源于姿态航向基准系统（Attitude and Heading Reference System，AHRS）组件。

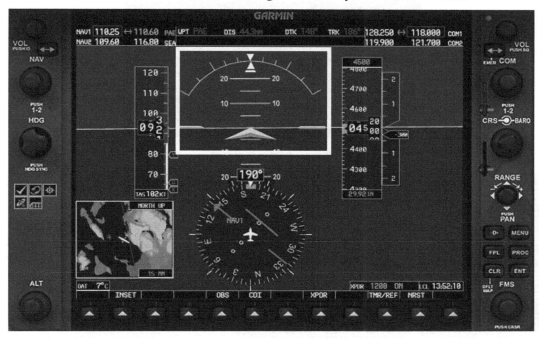

图 2-8　姿态指示器

坡度指示刻度是传统式的，在 0° 到 30° 最小刻度是 10°；在 30° 到 60° 最小刻度是 15°。坡度指针是一个小飞机图标。俯仰指示刻度的最小刻度是 5°，每 10° 有数字标示。当机头向上或向下超过俯仰极限时，指示器上将会出现红色 V 形标志，以指示将飞机改平的方向。坡度指针下面有一个白色的梯形块，它会水平地左右移动，指示由转弯侧滑仪提供的侧滑信息。在进行协调转弯时，该梯形块应位于坡度指针下方中间处，如图 2-9 所示。备用姿态指示器位于座舱面板中央的底部。

（2）空速指示器

G1000 系统中的空速指示器位于 PFD 的左上方，为垂直条状，如图 2-10 所示。空速指示器的数据来源于大气数据计算机组件。空速指示器右侧的彩色色带用来指示最大速度、最大巡航速度范围、正常操作速度范围、机翼襟翼全放时的操作速度范围，以及低速限制。真空速显示在空速指示器底部的一个框中。备用空速指示器位于座舱面板中央的底部。

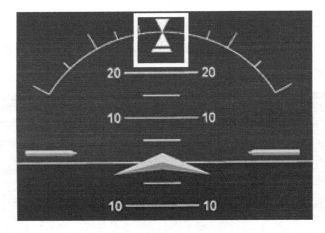

图 2-9　侧滑信息指示器

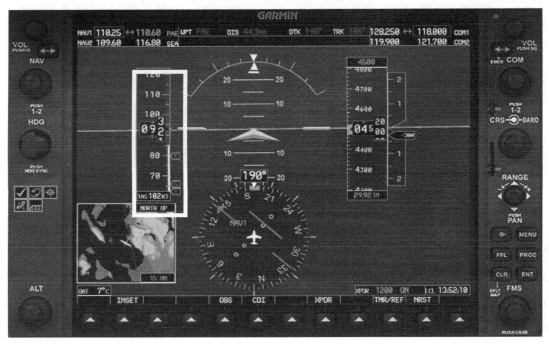

图 2-10　空速指示器

（3）高度指示器

高度指示器位于 PFD 上姿态指示器的右侧，如图 2-11 所示。高度指示器的数据来源于大气数据计算机组件。使用显示器边框上的 BARO 旋钮可以设定当地气压值。在高度指示器的带状刻度上有一个可调的青色高度参照游标，可用显示器边框上的高度选择

（ALT）旋钮设置高度参照游标。高度指示器上方的框中显示的是设置的高度参照游标对应的高度值。

（4）垂直速度指示器

PFD 右上方高度指示器的右侧有带状的垂直速度指示器（Vertical Speed Indicator，VSI），如图 2-11 所示。垂直速度指示器指针在固定的刻度处上下移动，并以数字形式显示上升或下降垂直速度。垂直速度指示器刻度的右边有一个指示 0 ft/min 的切口。显示的下滑速度的数值前有一个负号。只有在上升或下降垂直速度大于 100 ft/min 时，垂直速度指示器才会显示上升或下降垂直速度的数值。

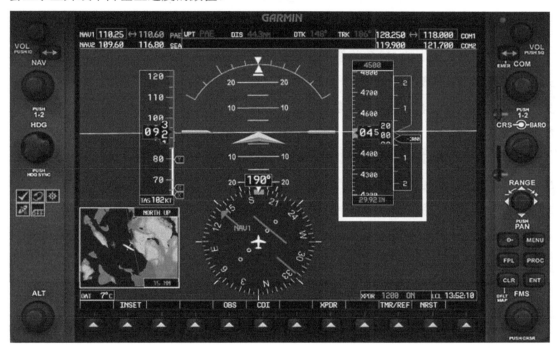

图 2-11　高度指示器与垂直速度指示器

（5）HSI

HSI 位于 PFD 下部的中央，如图 2-12 所示。HSI 的数据来源于姿态航向基准系统和磁传感器组件。HSI 包括一个稳定的航向指示器（罗盘式刻度盘）和一个可设置的航道偏离指示器。HSI 的外观和操作与传统机械式仪表中的航向仪、无线电领航仪表基本一致。

HSI 顶部的航向指标（航向标线）上有一个框，其中是以数字形式显示的航向。参照标线以 45° 的间隔排在刻度盘周围。在 HSI 顶部的航向指标上面的框和刻度盘之间有一个段弧形刻度，根据品红色的转弯向量指示的长度指示半个或标准转弯角速度。

图 2-12　HSI

使用显示器边框上的 HDG 旋钮可以设置青色的 HSI 航向游标。选择的航向以数字形式显示在航向标线左侧 45° 上方的一个框中。停止转动 HDG 旋钮 3 s 后，该航向框会消失。当自动驾驶仪（若安装）处于航向工作模式时，所选择的航向将为自动驾驶仪提供控制输入信息。

HSI 上显示的航道偏离指示导航源可以使用 CDI 软键进行设定，可选导航源有 GPS、NAV1 和 NAV2。航道指针使用显示器边框上的 CRS 旋钮进行设置。选择的航道以数字形式显示在航向标线右侧 45° 上方的一个框中。停止转动 CRS 旋钮 3 s 后，该框会消失。当自动驾驶仪（若安装）处于 NAV、APR、REV 工作模式，并且正接收来自所选择的导航源的导航信号时，所选择的导航源将为自动驾驶仪提供控制输入信息。

2. 传统机械式仪表

传统机械式仪表面板与 G1000 系统面板的区别主要是，飞机相关状态参数是以独立的仪表的指针指示的，如图 2-13 所示。

无论是传统机械式仪表还是 G1000 系统都遵循 T 形分布格式。图 2-14 所示为飞行仪表中的 6 块主仪表，对于飞机而言这些仪表是不可或缺的，也是最重要的，从左到右、从上到下依次为空速表、姿态指示器、高度表、转弯侧滑仪、航向仪、垂直速度表。

（1）空速表

空速表指示的是飞机的指示空速（Indicated Air Speed，IAS），如图 2-15 所示。飞机的空速包括指示空速和真空速（True Air Speed，TAS），前者基于全静压系统，全压管测得的全压减去静压孔测得的静压得到动压，再通过机械结构将动压反映到空速表上；后者指飞机相对于空气的速度。

图 2-13　传统机械式仪表面板

图 2-14　飞行仪表中的 6 块主仪表

图 2-15　空速表

通过观察空速表可以发现在空速表的表盘上有不同颜色的圆弧，这些不同颜色的圆弧对应的速度范围及含义如表 2-1 所示。

表 2-1　不同颜色的圆弧对应的速度范围及含义

圆弧颜色	KIAS 范围（KNOTS）	含义
白色	33～85	全襟翼操作范围。 较低限制指着陆形态下最大重量对应的失速速度 V_{S0}。 较高限制指大角度襟翼时的最大允许速度
绿色	44～129	正常操作范围。 较低限制指襟翼收上、重心最靠前时最大重量对应的失速速度 V_{S1}。 较大速度指最大结构巡航速度
黄色	129～163	仅在稳定气流条件下且需要小心操作
红色	163	所有操作的最大限制速度

（2）姿态指示器

姿态指示器指示的是飞机横滚或俯仰姿态，中间橘红色横线表示飞机，蓝色区域表示天空，棕色区域表示大地，两个区域的分界线称为地平线或天地线。因此，姿态指示器又称为地平仪，如图 2-16 所示。橘红色标志对应的刻度为俯仰刻度，俯仰刻度中的一个短线为 5°，一个长线为 10°。姿态指示器正上方的橘红色三角形对应飞机当前坡度，坡度指示刻度在 0° 到 30° 每格是 10°，在 30° 到 60° 没有指示刻度。

（3）高度表

高度表指示的是飞机的气压高度，如图 2-17 所示。由于高度表指示的高度为气压高度，故飞机在过渡高度层以下需要调整气压基准面为 QNH，飞机在过渡高度层以上需要调整气压基准面为标准大气压。调整方法是旋转高度表左下角的调整旋钮，气压基准面数值显示在右侧的小窗口中。标准大气压是 1.01325×10^5 Pa。

图 2-16　姿态指示器

图 2-17　高度表

（4）转弯侧滑仪

转弯侧滑仪指示的是飞机的转弯方向及有无侧滑。当飞机无侧滑时，仪表底部的黑色小球在中间位置；当飞机有侧滑时，仪表底部的黑色小球将不在中间位置，如图 2-18 所示。通常，飞机在转弯时侧滑较明显，此时需要使用方向舵抵消侧滑，即调整方向舵使小球处于中间位置。

当转弯侧滑仪中的机翼状指针指示两边刻度标志 L 或 R，同时小球在中间位置时，飞机的状态是以标准转弯率［3（°）/s］做协调转弯。

图 2-18　转弯侧滑仪

（5）航向仪

航向仪指示的是飞机当前的航向。N、E、S、W 分别代表北、东、南、西 4 个方向，航向是 0°、90°、180°、270°，如图 2-19 所示。通过调整航向仪右下角的旋钮，可以调整仪表橘红色盘中的游标到下一个应飞航向。该游标随仪表盘的移动而移动。

（6）垂直速度表

垂直速度表指示的是飞机上升或下降的垂直速度，单位是 ft/min，如图 2-20 所示。表盘上的刻度的读数要乘以 100，即指针指向 5 时，垂直速度为 500 ft/min。

图 2-19　航向仪

图 2-20　垂直速度表

（三）外部灯光

外部灯光包括安装在翼尖和方向舵顶部的航行灯、位于左机翼前缘的着陆/滑行灯、垂直尾翼顶部的信标灯，以及每侧翼尖的频闪灯。

两个踏板照明灯安装在两侧机翼的下表面，为每扇舱门区提供照明。踏板照明灯电门位于飞行员头顶板上。按压踏板照明灯电门，灯亮；再次按压踏板照明灯电门，灯灭。

所有外部灯都由位于 PFD 左侧灯光电门面板上的电门控制。外部灯光在电门面板上集中在 "灯光"（LIGHTS）区域。若要打开防撞灯（BEACON）、着陆灯（LAND）、滑行灯（TAXI）、航行灯（NAV）和频闪灯（STROBE），需要向上扳动电门。灯的断路器位于仪表面板左下方的灯的断路器面板上。断路器根据电气汇流条分组，其中防撞灯和着陆灯的断路器在电气汇流条 1，滑行灯、航行灯和频闪灯的断路器在电气汇流条 2。

第二节　C172R NAV III 标准操作程序及检查单

C172R NAV III 标准操作程序包括检查准备和正常程序。除了按逻辑必须优先进行的操作，其他项目均依据驾驶舱仪表面板标准布局而编排，以保证所有操作均以最佳效率完成。

标准操作程序是按飞行阶段划分，并靠记忆来完成的。在飞行训练初期，学员可以借助 C172R NAV III QRH（Quick Reference Handbook，快速参考手册）完成地面程序，但空中程序需要在训练与学习后靠记忆来完成。这些操作程序都是在假设所有系统正常工作的基础上执行的。

一、标准操作程序

（一）飞行准备

1. 飞机的技术状态

机组人员应确认飞机的技术状态，如飞机的适航性、不正常状态的可接受性（Minimum Equipment List，MEL），以及飞机的技术状态对该次飞行计划的影响。

CCAR-91R2《一般运行和飞行规则》对飞机的适航性有以下规定。

① 任何人不得运行未处于适航状态的民用航空器。

② 航空器的机长负责确认航空器是否处于可实施安全飞行的状态。当航空器的机械、电子或结构出现不适航状态时，机长应当中断该次飞行。

2. 气象简报

对于转场飞行，要查看气象简报。气象简报包括以下内容。

① 起飞和离场时的气象实况和气象预报［机场例行天气报告（Aviation Routine Weather，TAR）和机场天气预报（Terminal Area Forecast，TAF）］。

② 航线上的重要天气，不同高度的风况和温度。

③ 目的地机场和备降机场的气象实况和气象预报。

④ 检查沿计划航线各机场的气象情况。

天气可影响航线的选择、飞行高度层的选择，必须查实起飞机场和目的地机场出现污染跑道的可能、国际标准大气偏差和航线结冰情况，以及考虑目的地机场天气原因造成的等待。

3. 航行通告（Notice to Airmen，NOTAM）

对于转场飞行，要确认航行通告，包括所飞航线经过的区域与涉及的机场的航行通告。必须查看航行通告以确定航线是否有变化、导航设备是否提供服务、跑道等设施是否可使用，以及所有可能对燃油要求产生影响的因素。

4. 飞行计划和领航计划

（1）本场飞行

① 计算飞行所需燃油油量，根据气象条件和飞行科目，证实飞机携带燃油能满足本次飞行要求。

② 做好空域飞行计划，包括空域进出方法、飞行高度等。

（2）转场飞行

① 对于转场飞行，应完成领航计划表中的相应内容。

② 填写飞行计划。

③ 无论是带飞，还是单飞，飞行教员都应检查填写的飞行计划和领航计划。

④ 证实飞机携带燃油能满足本次飞行要求。

5. 重量与平衡

① 确认最大起飞和最大着陆重量。

② 计算并填写重量与平衡计算表。

③ 证实飞机重量与平衡在限制范围内。

（二）驾驶舱预先准备

（1）飞机钥匙

取下飞机钥匙并夹在左座驾驶盘上。

（2）文件

检查以下证照和文件是否完整、有效，并放置在指定位置。

① 航空器适航证。

② 航空器国籍登记证。

③ 无线电台使用许可证。

④ 经批准的飞行手册。

⑤ 重量与平衡计算表。

⑥ 运行手册。

⑦ G1000 系统驾驶舱参考指南。

⑧ 最低设备清单（如适用）。

检查飞机记录本上的飞机放行签字是否有效，查阅飞机近期维护记录、机务正常放行记录，以及确定是否有最低设备清单的放行。

将文件上的登记标志和（或）序列号与飞机登记标志和（或）序列号对比，以确定该飞机是否满足本次运行的适航要求。这种检查在每次飞行前都必须完成。

（3）牵引杆

确认牵引杆被正确地固定在行李舱内。

（4）停留刹车

为防止出现停留刹车手柄已拉出但无刹车压力情况的出现，无论停留刹车手柄是否已拉出，在执行此项检查时都应重新设置。在设置停留刹车时，先用力踩下两个刹车踏板，然后将停留刹车手柄拉出（或松开后重新拉出）至最大行程并逆时针旋转 90°置于锁定位。

（5）ELT

检查位于仪表面板右上方的 ELT 控制开关是否处于 ARM 位。在正常情况下，禁止将 ELT 控制开关置于 ON 位。

（6）HOBBS（发动机计时器）

对比 HOBBS 和飞机记录本上的记录是否一致。若二者不一致，则应报告地面人员。

（7）磁罗盘

① 检查磁罗盘内液体有无泄漏，液体内有无气泡。

② 在接通电源之前检查磁罗盘航向。

③ 确保磁罗盘航向校准卡清晰可见且粘贴牢固。

（8）舵面锁

舵面锁插销应取下并放在规定位置。

（9）飞行操纵

检查操纵系统，确保无卡阻；向左/右蹬舵（蹬方向舵脚蹬），确认前轮转弯机构正常工作。

（10）磁电机

为了防止地面发动机突然启动伤人，必须确认磁电机处于关闭状态，并且确认钥匙已经取下。

（11）飞行/备用仪表

检查 PFD、MFD，以及所有备用仪表有无明显损坏情况。

（12）座舱加温/空气

确认控制手柄置于 OFF 位（完全按入）。

（13）混合比

当混合比杆被置于最后的位置上（完全拉出）时，燃油分配系统中的发动机供油被切断。该位置被称作慢车/关断位。确认混合比杆位于慢车/关断位。

（14）油门

当油门杆被置于最后的位置上（完全拉出）时，进气系统节气阀门开度最小。该位置被称作慢车位。确认油门杆位于慢车位。

（15）备用静压源

确认备用静压源活门在 OFF 位（完全按入）。

（16）断路器

断路器用来在电路因负载过高而过热时保护线路。如果电路出现故障，断路器开关就会跳出。跳出的断路器开关只能按压复位一次，如果故障仍然存在，断路器开关就会立即跳出，此时不要试图进行第二次按压复位。确认所有断路器开关都是按入的，如果某一个断路器开关跳出，应确认在飞机记录本中已对其做出适当说明。

（17）电气设备

检查所有电气设备开关都处于关闭位。检查 BUS1 和 BUS2 在 OFF 位，避免接通电源时电流过大。

（18）总电门（ALT 和 BAT）

为了给随后的飞行前检查项目供电，ALT 和 BAT 应处于开启位。

（19）开关/仪表面板灯光

按需进行设置。

（20）PFD

证实 PFD 可以打开并显示正常。

（21）燃油油量（左/右）

检查 PFD 上的燃油油量表，应左右平衡，确定燃油油量与计划油量一致。在进行外部检查时还要目视检查燃油油量。

（22）警告系统

① 检查当电压低于 24 V 时出现 LOW VOLTS（低电压）警告。

② 检查确认没有 LOW FUEL L/R（左/右燃油油量低）警告。

③ 检查出现 OIL PRESSURE（滑油低压力）警告。

④ 检查出现 LOW VACUUM（真空度低）警告。

（23）BUS1

将 BUS1 置于 ON 位，以测试前电子设备冷却风扇是否正常工作。

（24）前电子设备冷却风扇

确认可听见风扇工作声音，且声音正常、有流动空气。

（25）BUS1

确认前电子设备冷却风扇工作正常后，将 BUS1 置于 OFF 位。

（26）BUS2

将 BUS2 置于 ON 位，以测试后电子设备冷却风扇是否正常工作。

（27）后电子设备冷却风扇

确认可听见风扇工作声音，且声音正常、有流动空气（后电子设备冷却风扇出风口位于行李舱舱门附近，避免出现行李遮挡出风口的情况）。

（28）BUS2

确认后电子设备冷却风扇工作正常后，将 BUS2 置于 OFF 位。

（29）燃油选择活门

为保证发动机能良好供油，将燃油选择活门旋转至各个位置，检查有无卡阻。在确认无卡阻后将燃油选择活门置于 BOTH 位。

（30）襟翼

逐级检查襟翼，最后将襟翼放置到 30°处。

放襟翼前确认机翼下无人；将襟翼手柄置于全放出位置，以便在进行外部检查时对襟翼连杆进行检查。

注意：在进行地面检查时不要撞到放出的襟翼。

（31）外部灯

先打开所有外部灯（防撞灯、着陆灯、滑行灯、航行灯、频闪灯），然后在飞机外部进行检查，检查完毕立即回到驾驶舱关闭所有外部灯，避免长时间使用蓄电池。

在夜航前还必须检查所有驾驶舱和仪表照明是否正常。

（32）为空速管加温

打开空速管加温系统，检查左机翼下方的空速管是否正常升温（在 30 s 内触摸，小心烫伤），检查完后立即关闭空速管加温系统。地面运行时对空速管进行加温的时间禁止超过 2 min。

（33）低电压警告

检查"LOW VOLTS"警告显示是否正常。

（34）电气设备

在执行外部检查之前，应关闭所有电气设备开关。

（35）灭火器

确认灭火器的压力指针指在绿弧区且标牌上标示的合格证日期在有效期内，检查并确认锁扣处于锁好状态，且可以轻松打开。

（36）升降舵配平

调整升降舵配平控制轮使控制轮上的参考标志位于起飞位。

（37）口令

发出"座舱检查单"口令。

（38）座舱检查单

执行座舱检查单。

（三）机外检查

按照如图 2-21 所示的飞行前检查顺序从①～⑧依次进行机外检查，具体检查内容如表 2-2 所示。

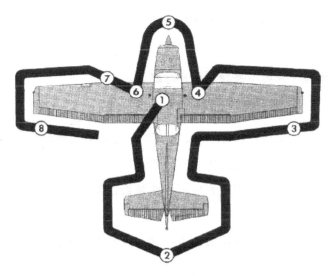

图 2-21　飞行前检查顺序

表 2-2　机外检查内容

序号	检查内容
①	（1）行李舱 ① 确认牵引杆被正确地固定好。 ② 移除或固定行李舱内任何未固定的物品。 ③ 确认后电子设备冷却风扇进气口清洁。 ④ 每次飞行前应确认行李舱门已关好。 （2）窗户/机身 检查左侧窗户和左侧机身表面，确认没有损坏。 （3）机身底部 ① 检查机身底部表面，确认没有损坏。 ② 确认位于机身底部的天线完好无损。 （4）标识牌 检查并确认标识牌安装牢固
②	（1）左侧水平安定面/升降舵 ① 检查前缘、上部、下部和外缘表面，确认没有损坏。 ② 移动升降舵，确认其活动灵活、无卡阻、连接正常。 ③ 向上扳动升降舵，确认驾驶盘向后移动正常，注意避免触碰升降舵的塑料边缘。 ④ 检查并确认两个静电刷连接正常。 （2）方向舵 检查并确认方向舵面没有损坏，两个静电刷连接正常。 注意：飞机停留在地面上时，禁止扳动方向舵。 （3）防撞灯/航行灯/天线 检查灯罩表面有无损坏，确认所有天线状态良好。 （4）尾橇 检查有无磨损或变形

序号	检查内容
②	（5）右侧水平安定面/升降舵 ① 检查前缘、上部、下部和外缘表面，确认没有损坏。 ② 移动升降舵，确认其活动灵活、无卡阻、连接正常。 ③ 向上扳动升降舵，检查并确认驾驶盘向后移动情况正常，注意避免触碰升降舵的塑料边缘。 ④ 检查并确认两个静电刷连接正常。 ⑤ 检查并确认调整片连接紧固，在升降舵配平控制轮上的参考标志位于起飞位时，扳动升降舵，使其与水平安定面角度一致，检查并确认调整片与升降舵角度一致
③	（1）窗户/机身 检查右侧窗户及右侧机身表面，确认没有损坏。 （2）右侧襟翼 ① 检查并确认襟翼上、下翼面无损坏。 ② 检查并确认襟翼连杆安装牢固。 （3）右侧副翼 ① 检查并确认右侧副翼活动灵活、无卡阻；向上扳动右侧副翼，检查并确认驾驶盘向右转动，同时左侧副翼下偏。 ② 检查并确认右侧副翼翼面无损坏。 ③ 检查并确认连接牢固，平衡配重条固定可靠，两个静电刷连接正常。 （4）右机翼翼尖/灯 检查并确认右机翼翼尖及灯的表面无损坏。 （5）右机翼下翼面 检查并确认右机翼下翼面无损坏，机翼下翼面及操纵舵面没有附着霜、雪、冰及其他物质
④	（1）右机翼前缘 检查并确认翼面无损坏，没有附着霜、雪、冰及其他物质。 （2）右侧主起落架 ① 检查主起落架撑杆，确认无液压油泄漏现象。 ② 检查轮胎胎压情况及总体状况（检查老化情况、胎面深度和磨损等，若轮胎的纤维布可见，则需要更换轮胎），检查并确认刹车油管无渗漏。在检查轮胎时，如有必要可以推动飞机，以检查轮胎与地面接触部分。 （3）放油口 从右油箱的五个放油口中分别取样，检查并确认燃油等级正确、无杂质。如果某个放油口的油样中有杂质，就持续放油直到油样清洁。含杂质的油样应该用专门的容器收集。检查并确认燃油放油活门无燃油渗漏。 （4）燃油油量 打开燃油箱盖，目视检查油量，确认油量和燃油油量表指示一致。 （5）燃油箱盖 确认燃油箱盖正确盖好。 （6）通信/GPS天线 目视检查并确认天线连接牢固。 （7）外界大气温度（Outside Air Temperature，OAT）探测器 确认外界大气温度探测器连接牢固。 （8）右机翼上翼面 检查并确认右机翼上翼面无损坏，机翼上翼面及操纵舵面没有附着霜、雪、冰及其他物质。 （9）空气进气口 检查并确认空气进气口清洁、无堵塞

序号	检查内容
⑤	（1）风挡 为了获得良好的视线，每次飞行前都要确保风挡清洁。使用干净、柔软的布用清水或指定清洁剂清洁风挡和窗户。为防止刮伤塑料部分，不要尝试用干布或金属器具擦掉塑料部分的污垢。 （2）燃油滤清器放油活门 检查并确认燃油等级正确、无杂质。如果油样中有杂质，就持续放油直到油样清洁。含杂质的油样应该用专门的容器收集。检查并确认燃油滤清器放油活门无燃油渗漏。 （3）燃油选择器放油活门 检查并确认燃油等级正确、无杂质。如果油样中有杂质，就持续放油直到油样清洁。含杂质的油样应该用专门的容器收集。检查并确认燃油选择器放油活门无燃油渗漏。 （4）燃油储油箱放油活门 检查并确认燃油等级正确、无杂质。如果油样中有杂质，就持续放油直到油样清洁。含杂质的油样应该用专门的容器收集。检查并确认燃油储油箱放油活门无燃油渗漏。 （5）滑油油量 打开发动机滑油盖板，逆时针旋转滑油油量标尺，取出标尺检查滑油油量，应显示为 5～8 UKqt。检查完毕后，顺时针旋转滑油油量标尺，拧上标尺（注意不要拧得过紧），盖上发动机滑油盖板。 注意：当滑油油量小于 5 UKqt 时不要运行，在长时间飞行时应将滑油油量加至 8 UKqt。 （6）整流罩螺丝（右侧/上部） 检查并确认整流罩螺丝齐全且安装牢固。 （7）排气管 检查有无堵塞物，确认排气管没有破损且安装牢固。 （8）前起落架 检查前轮减震支柱（正常停机时支柱应伸出 2 in），检查轮胎胎压情况及总体状况（检查老化情况、胎纹深度、磨损情况等）。在检查轮胎时，如有必要可以推动飞机，以检查轮胎与地面接触部分。 （9）空气进气口 检查并确认螺旋桨两侧的空气进气口清洁、无堵塞。 （10）发电机驱动带 检查并确认发电机驱动带紧绷、牢固。 （11）螺旋桨/整流罩 检查并确认螺旋桨桨面无刻痕，整流罩螺丝齐全且安装牢固。 注意：切忌用手转动螺旋桨。 （12）空气过滤器 检查并确认发动机进气口清洁、无堵塞。 （13）整流罩螺丝（上部/左侧） 检查并确认整流罩螺丝齐全且安装牢固。 （14）蓄电池通气管 检查蓄电池通气管，确认无损坏、无堵塞。 （15）滑油通气管 检查滑油通气管，确认无损坏、无堵塞。 （16）应急电源组件（Emergency Power Unit，EPU）门 确认应急电源组件门螺丝齐全且无松动。 （17）静压孔 确认静压孔清洁、无堵塞

序号	检查内容
⑥	（1）左侧主起落架 检查轮胎胎压情况及总体状况（检查老化情况、胎面深度、磨损情况等，若轮胎的纤维布可见，则需要更换轮胎）。在检查轮胎时，如有必要可以推动飞机，以检查轮胎与地面接触部分。 （2）放油口 从左油箱的五个放油口中分别取样，检查并确认燃油等级正确、无杂质。如果某个放油口的油样中有杂质，就持续放油直到油样清洁。含杂质的油样应该用专门的容器收集。检查并确认燃油放油活门无燃油渗漏。 （3）空气进气口 检查并确认空气进气口清洁、无堵塞。 （4）燃油油量 打开燃油箱盖，目视检查油量确认油量和燃油油量表指示一致。 （5）燃油箱盖 确认燃油箱盖正确盖好。 （6）左机翼上翼面 检查并确认左机翼上翼面无损坏，机翼上翼面及操纵舵面没有附着霜、雪、冰及其他物质。 （7）空速管 将空速管套取下放在座舱规定位置。检查并确认空速管无堵塞。 （8）油箱通气口 检查并确认通气孔清洁、无堵塞
⑦	（1）失速警报开口 检查并确认失速警报开口清洁、无堵塞。 注意：在检查失速警报开口时，将一块干净的手帕或工具置于通气口上，飞行员用嘴向外吸气，听到警告声以确认系统工作正常。 （2）着陆灯/滑行灯 检查并确认着陆灯/滑行灯表面无损坏。 （3）左机翼前缘 检查并确认翼面无损坏，没有附着霜、雪、冰及其他物质。 （4）左机翼下翼面 检查并确认左机翼下翼面无损坏，机翼下翼面及操纵舵面没有附着霜、雪、冰及其他物质。 （5）左机翼翼尖/灯 检查并确认左机翼翼尖及灯的表面无损坏
⑧	（1）左侧副翼 检查并确认左侧副翼活动自由，翼面无损坏。检查并确认连接牢固，平衡配重条固定可靠，两个静电刷连接正常。舵面操纵灵活，连杆安装紧固。 （2）左侧襟翼 ① 检查并确认襟翼上、下翼面无损坏。 ② 检查并确认襟翼连杆安装牢固。 （3）系留/轮挡 ① 解除系留，移除轮挡，并放置好。 ② 确认左、右机翼和尾翼下部的系留移除，移除前轮和两个主轮的轮挡并放在规定位置。 （4）行李舱门 确认行李舱门关闭并锁好

（四）开车前检查

（1）乘客简述

着重简述以下项目。

① 安全带/肩带的使用方法。

② 应急出口的位置。

③ 灭火器的位置和使用方法。

④ 讨论任何会影响飞行的问题。

（2）座椅

调整座椅前后位置，以保证可以蹬舵至最大行程。调整座椅高度，以保证获得良好的视野（飞行员刚好可以目视 PFD 上端的 GARMIN 字样）。

（3）安全带/肩带

确保机上人员正确使用并系好安全带。

（4）座舱门/侧窗

关上/锁好。

注意：为了更好地保证空气循环，在滑行时可以开启侧窗。

（5）无线电/电气设备

检查 BUS1、BUS2、所有灯光电门、系统电门（电动燃油泵、空速管加温系统）处于 OFF 位。

注意：发动机启动时，电子设备总电门（BUS1 和 BUS2）必须处于 OFF 位，以防对电子设备可能造成的损坏。

（6）备用蓄电池（S 电池）电门

先按压电门至测试位并保持 20 s，确认绿色测试灯不熄灭；然后将电门置于 ARM 位，确认 PFD 工作。

（7）PFD

确认 PFD 能正常开启，且显示正常。

（8）发动机指示系统

检查参数，确认在发动机指示系统页面中无红色×号。

（9）E 汇流条（重要汇流条）电压

确认 E 汇流条电压显示值不小于 24 V。在寒冷天气启动时，打开总电门之前，E 汇流条电压可能略低于 24 V。

（10）M 汇流条（主汇流条）电压

确认 M 汇流条电压显示值不大于 1.5 V。

（11）S 电池电流

通过检查 S 电池电流为负值（正在放电），确认此时使用的是 S 电池。

（12）S 电池警告信号

证实 PFD 警告窗出现黄色 STBY BATT 字样（S 电池警告信号）。

（13）总电门（ALT 和 BAT）

将 ALT 和 BAT 都置于开启位。

（14）外部灯

出于安全考虑，飞机防撞灯在启动发动机之前和发动机转动的时间内都应该打开，以警示地面人员或其他飞机。但在接近其他飞机时，为了避免防撞灯灯光造成其他驾驶员暂时失明，可以暂时关闭防撞灯。

（15）燃油选择活门

检查并确认燃油选择活门在 BOTH 位。

（16）燃油关断活门

按机务维护要求，在飞机飞行时燃油关断活门应保持在开位（全推入位）。

（17）口令

发出"开车前检查单"口令。

（18）开车前检查单

执行开车前检查单。

（五）启动发动机

1. 冷启动

（1）油门

设置油门杆至最有利于发动机爆发的位置，在冷启动发动机时先拉出油门杆至慢车位，然后推入 1/4 in。

（2）燃油泵

使用电动燃油泵为燃油增压。

（3）混合比

先将混合比杆推到全富油位（最前端），直到燃油流量表指示稳定的燃油流量（保持3～5 s）；然后将混合比杆拉到慢车/关断位（最后端）。

（4）燃油泵

在注油完成后，关闭电动燃油泵。

（5）螺旋桨区域

在启动发动机前，确认螺旋桨区域内无人员、飞机等，大声喊话"左、前、右，清洁"，打手势，待警戒人员反馈手势后，开始启动。

（6）磁电机

转动磁电机开关至启动位，待发动机爆发后松开。

（7）混合比

在发动机爆发后，快速向前推混合比杆至全富油位。

（8）油门

在发动机启动后立即设置油门，使发动机转速至1000～1200 RPM，避免发动机在未有效润滑时因高转速而损坏。

（9）滑油压力

在30 s内出现滑油压力指示。若在开车后30 s内无滑油压力指示，则应立即拉混合比杆，执行关车程序。

（10）电流（M BATT S）

检查并确认发电机能正常为M电池（主蓄电池）和S电池充电。

（11）低电压警告

确认PFD上无发动机警告或警戒信息，无LOW VOLTS警告。若出现LOW VOLTS警告，则通常是由发电机转速过低导致的。增大发动机功率（增加转速）可消除此警告。

2．热启动

（1）油门

设置油门杆至最有利于发动机爆发的位置，在热启动发动机时先拉出油门杆至慢车位，然后推入1/2 in。

（2）混合比

将混合比杆置于慢车/关断位。

（3）螺旋桨区域

在启动发动机前，确认螺旋桨区域内无人员、飞机等，大声喊话"左、前、右，清洁"，打手势，待警戒人员反馈手势后，开始启动。

（4）磁电机

转动磁电机开关至启动位，待发动机爆发后松开。

（5）混合比

在发动机爆发后，快速向前推混合比杆至全富油位。

（6）油门

在发动机启动后立即设置油门，使发动机转速至 1000～1200 RPM，避免发动机在未有效润滑时因高转速而损坏。

（7）滑油压力

在 30 s 内出现滑油压力指示。若在开车后 30 s 内无滑油压力指示，则应立即拉混合比杆，执行关车程序。

（8）电流

检查并确认发电机能正常为 M 电池和 S 电池充电。

（9）低电压警告

确认 PFD 上无发动机警告或警戒信息，无 LOW VOLTS 警告。若出现 LOW VOLTS 警告，则通常是由发电机转速过低导致的。增大发动机功率（增加转速）可消除此警告。

3．注油过多

（1）油门

设置油门杆至最有利于发动机爆发的位置，拉出油门杆至慢车位后完全推入。

（2）混合比

将混合比杆置于慢车/关断位。

（3）螺旋桨区域

在启动发动机前，确认螺旋桨区域内无人员、飞机等，大声喊话"左、前、右，清洁"，打手势，待警戒人员反馈手势后，开始启动。

（4）磁电机

转动磁电机开关至启动位，待发动机爆发后松开。

（5）混合比

在发动机爆发后，快速向前推混合比杆至全富油位。

（6）油门

在发动机启动后立即设置油门，使发动机转速至 1000～1200 RPM，避免发动机在未有效润滑时因高转速而损坏。

（7）滑油压力

在 30 s 内出现滑油压力指示。若在开车后 30 s 内无滑油压力指示，则应立即拉混合比杆，执行关车程序。

（8）电流

检查并确认发电机能正常为 M 电池和 S 电池充电。

（9）低电压警告

确认 PFD 上无发动机警告或警戒信息，无 LOW VOLTS 警告。若出现 LOW VOLTS 警告，则通常是由发电机转速过低导致的。增大发动机功率（增加转速）可消除此警告。

（六）启动后

（1）发动机指示系统

检查发动机指示系统指示是否正常。

（2）BUS1 和 BUS2

将 BUS1 和 BUS2 置于 ON 位。

（3）混合比

在滑行时调整混合比杆，防止滑行时电嘴因过富油而积碳。

（4）襟翼

设置襟翼至起飞位，检查襟翼位置指示器并观察确认襟翼位置与指示位置一致。

（七）滑行前

（1）MFD

检查飞行数据库是否过期。如果飞行数据库没有过期，就按最右侧软键或 ENT 键继续。

（2）燃油计量器

使用 MFD 上的软键设置实际装载燃油油量，具体操作如下。

① 按 ENGINE 键。

② 按 SYSTEM 键。

③ 按 GAL REM 键。

④ 选择实际装载燃油油量。

⑤ 按 ENGINE 键返回常规 MFD 页面。

（3）NAV/COM 1/2

NAV/COM 1 为主用塔台频率/备用离场管制频率。

NAV/COM 2 为主用通播频率/备用地面管制频率。

NAV/COM 1/2 快速设置方法如下。

① 旋转 FMS 外旋钮，转换至 WPT 页面组。

② 旋转 FMS 内旋钮，转换至 WPT 页面组的第一页。

③ 按 FMS 内旋钮，点亮光标。

④ 旋转 FMS 外旋钮，将光标移动到预选频率上。

⑤ 按 ENTER 键。

⑥ 按需调整音量。

（4）GPS

① 旋转 FMS 外旋钮，转换至 AUX 页面组。

② 旋转 FMS 内旋钮，转换至 AUX 页面组的第三页。

③ 检查 GPS 1 卫星信号的状态，用软键切换到 GPS 2 卫星信号页面，检查其状态。

（5）飞行计划

在 FPL 页面中输入飞行计划，方法如下。

① 按 FPL 键。

② 按 FMS 内旋钮，点亮光标。

③ 旋转 FMS 外旋钮，将光标移动到飞行计划中的空位处。

④ 向左旋转 FMS 内旋钮，打开小 FPL 窗口。

⑤ 向右旋转 FMS 内旋钮，选择 FPL、NRST 或 RECENT 窗口。

⑥ 旋转 FMS 外旋钮，在打开的页面中选择预选的航路点。

⑦ 按 ENTER 键，选取该航路点；再次按 ENTER 键，进行确认。

⑧ 长按 CLR 键，进入 MAP 页面组。

（6）音频控制面板

① 用音频控制面板上正确的 MIC 键选择 COM 1 或 COM 2。

② 确认其他音频控制按钮处于关闭状态。

（7）飞行仪表

设置 QNH 及备用高度表，证实机场标高。设置备用姿态指示器的地平线，确认没有显示红色的陀螺仪警告标志。

（8）CDI 软键

使用 CDI 软键选择导航源。

（9）应答机

输入适当的应答机编码。

（10）起飞简述

① 起飞使用跑道。

② 起飞距离/跑道长度。

③ 离陆速度/起始爬升速度。

④ 起始航向和高度。

⑤ 航线和高度。

⑥ 目的机场、限制指令、训练空域。

⑦ 应急程序如下。

a. 离陆前发动机故障，收油门，中断起飞。

b. 离陆后发动机故障，具体程序如下。

- 低于 300 m，保持飞行操纵，建立 65 KNOTS 下滑姿态，前方直线迫降，如有必要使用小坡度转弯避开障碍物。

- 高于 300 m，建立 65 KNOTS 下滑姿态，选择合适迫降场，如有可能转回起飞机场迫降。

- 如有可能，执行相关检查单并通知空中交通管制员。

（11）口令

发出"滑行前检查单"口令。

（12）滑行前检查单

执行滑行前检查单。

（八）滑行

（1）刹车及转弯检查

解除停留刹车，飞机开始向前滑动；双脚踩刹车踏板，检查确认刹车操纵机构。在飞机向前移动一个身位之前完成刹车检查，并且注意不要将飞机完全停止。

在飞机滑动的同时抵舵检查转弯操纵机构，以确保转弯控制正常。

踩住刹车踏板，解除停留刹车，再松开刹车踏板。

飞机滑动后，柔和地踩下刹车踏板，检查刹车效果。

（2）滑行灯

打开滑行灯。

（3）飞行仪表

核实飞行仪表显示正确。

① 空速表指示值为 0。

② 姿态指示器不能有红色×号。

③ 备用姿态指示器的安装误差不能超过 5°。

④ 高度表和备用高度表的指示值应该在机场标高±75 ft 误差范围内。

⑤ 转弯指示器指示转弯方向，转弯侧滑仪指示转弯反方向。

⑥ 航向指示器与磁罗盘指示一致。

⑦ 垂直速度指示器指示值为 0。

（九）试车

滑行至试车区域时注意要迎风停放，这样做有利于获得精确的试车数据，且有利于发动机散热。

检查发动机指示系统。为了保护发动机，试车要在发动机充分暖机后进行，也就是滑油温度表指针必须指示绿区。

（1）停留刹车

设置停留刹车并保持。

注意： 在发动机处于高转速状态时不能仅靠停留刹车阻止飞机移动，应将刹车踏板踩到底。

（2）断路器

证实所有断路器开关处于按入状态。

（3）混合比

调整混合比杆至全富油位，或者根据密度高度调整适当的混合比。

（4）油门

调整油门使发动机转速达到 1800 RPM。

（5）磁电机

拧磁电机钥匙依次至左磁位、双磁位、右磁位、双磁位以检查单磁工作。单磁、双磁之间最大转速下降应为 150 RPM，左磁、右磁的单磁工作转速差最大为 50 RPM。

注意：如果单磁、双磁之间最大转速下降大于 150 RPM，就先将钥匙拧至双磁位，将油门调至 1800 RPM；然后调贫混合比，直到转速达到峰值，将混合比杆设置在此位置，调整油门设置发动机转速至 1800 RPM，再进行磁电机检查。这时若单磁、双磁之间最大转速下降不大于 150 RPM，左磁、右磁的单磁工作转速差不大于 50 RPM，发动机工作平稳，则说明点火系统工作正常。

（6）发动机指示系统

检查所有发动机指示系统，主要内容如下。

① 燃油流量：指针应指示在绿区。

② 滑油压力：指针应指示在绿区。

③ 滑油温度：指针应指示在绿区。

④ 真空计：指针应指示在绿区。

⑤ 燃油油量：应充足。

⑥ 电压表：电压应为正常值（27～29 V）。

⑦ 电流表：M 电池电流为 0 或正值，S 电池以不大于 0.4 A 的电流充电。

（7）警告系统

证实无警告信号显示。

（8）油门

将油门置于慢车位，发动机应工作平稳、声音正常、无抖动，发动机慢车转速应为（600±25）RPM。

调整混合比为贫油（按住混合比杆中心按钮，慢慢拉出混合比杆），检查慢车贫富油。

发动机转速应上升 25～50 RPM 后下降。若发动机转速上升超过 50 RPM，则说明发动机偏富油；若发动机转速上升未超过 50 RPM，则说明发动机偏贫油。

（9）混合比

为避免发动机因飞机地面长时间小功率运行而积碳，需要设置混合比为稍贫油，推荐程序如下。

调整油门设置发动机转速为 1200 RPM，调整混合比为贫油，使发动机达到最大转速。调整油门使发动机转速为适合地面工作时的转速（地面工作时一般设置发动机转速为 800～1000 RPM）。

（10）刹车

解除停留刹车。

（十）起飞前（等待点）

（1）升降舵配平

调整升降舵配平控制轮，使控制轮上的参考标志位于起飞位。

（2）襟翼

设置襟翼角度为 0°～10°（按需）。

（3）混合比

在起飞前，调整混合比杆到全富油位，为了获得更好的起飞性能，在密度高度 3000 ft 以上起飞时，需要调整混合比为贫油，以使发动机达到最大转速，推荐程序如下。

加油门至全功率（油门杆完全推入），调整混合比为贫油，以使发动机达到最大转速。

（4）预选高度/预选航向游标

设置初始高度和航向。

（5）座舱 12 V 电源开关

座舱 12 V 电源开关置于关位。

（6）座舱门/侧窗

将座舱门关好，将侧窗锁好。

（7）口令

发出"起飞前检查单"口令。

（8）起飞前检查单

执行起飞前检查单。

（9）应答机

证实应答机编码输入正确。

（10）外部灯

在进入跑道之前要打开着陆灯、滑行灯、频闪灯；在进入跑道前要打开频闪灯。

（11）为空速管加温

当存在下列条件之一时，需要为空速管加温。

① 外界大气温度低于 40 ℉[①]（约为 4 ℃）。

② 飞机在明显的水汽（云、雨、雪、雾等）中运行。

③ 怀疑空速管积冰或堵塞。

（十一）爬升

（1）襟翼

当达到安全速度和高度时，收上襟翼。速度必须大于 60 KIAS。

（2）外部灯

关闭着陆灯、滑行灯。

注意：夜间在起落航线飞行时，着陆灯、滑行灯应该保持打开状态。

（3）混合比

当密度高度超过 3000 ft 时设置混合比为最佳功率，以获得更好的发动机性能。调整混合比为贫油，使发动机转速达到最大转速，保持该混合比上升至航线高度。

注意：在正常情况下，在收上襟翼进行巡航爬升时，应油门全开，保持速度 75～85 KIAS 爬升，以获得最佳的性能、视野及发动机冷却效果。

（4）口令

发出"起飞后检查单"口令。

（5）起飞后检查单

执行起飞后检查单。

---

① 0 ℉ = −17.77778 ℃。

（十二）巡航

（1）巡航功率

查询飞行手册性能图表，设置巡航功率。

（2）混合比

参考 POH（Pilot's Operating Handbook，飞行员操作手册），用 MFD 上的调贫油辅助功能设置混合比，具体操作如下。

① 按 ENGINE 键。

② 按 LEAN 键。

③ 按 ASSIST 键。

④ 柔和地调整混合比为贫油，直到峰值出现ΔPEAK ℉数值为负。

⑤ 调整混合比为富油，直到峰值ΔPEAK ℉数值为 0 或一个小的正值，以获得最经济的混合比功率；或者设置为飞行员操作手册中推荐的峰值ΔPEAK ℉在富油一侧–50。

（3）外部灯

关闭频闪灯。

注意：如果飞行过程中能见度低于 5 mi（英里）[①]，或者飞机活动较多，那么应该打开频闪灯。

（4）为空速管加温

存在下列条件之一时，需要为空速管加温。

① 外界大气温度低于 40 ℉（约为 4 ℃）。

② 飞机在明显的水汽（云、雨、雪、雾等）中运行。

③ 怀疑空速管积冰或堵塞。

（5）口令

发出"巡航检查单"口令。

（6）巡航检查单

执行巡航检查单。

---

① 1 mi = 1.609344 km

（十三）下降

（1）GPS

设置飞行计划，选取仪表进近程序（如可用）。

（2）NAV/COM 1/2

NAV/COM 1 为主用进近管制频率/备用塔台频率。

NAV/COM 2 为主用通播频率/备用地面管制频率。

NAV/COM 1/2 快速设置方法如下。

① 旋转 FMS 外旋钮，转换至 WPT 页面组。

② 旋转 FMS 内旋钮，转换至 WPT 页面组的第一页。

③ 按 FMS 内旋钮，点亮光标。

④ 旋转 FMS 外旋钮，将光标移动到预选频率上。

⑤ 按 ENTER 键。

⑥ 按需调节音量。

（3）音频控制面板

设置导航频率后，分别按下音频控制板上的 NAV 1 按键、NAV 2 按键、ADF 按键听莫尔斯码，以识别 NAV 1、NAV 2、ADF 工作。

按需调整左、右座内话机音量和静噪旋钮。

选择 COM 1 或 COM 2。

确认其他音频控制按钮处于关闭状态。

（4）高度表

获得 ATIS（Automatic Terminal Information Service，自动航站情报服务信息）或进场信息后，及时设置备用高度表的 QNH。

下降至过渡高度层时应该设置高度表气压值为降落机场的 QNH。当航线高度低于过渡高度层，并进入机场 QNH 水平区域时，也应设置高度表气压值为降落机场的 QNH。

设置高度表气压值为 QNH 后，应对比检查 PFD 上的高度表和备用高度表，确保指示一致。

（5）CDI 软键

按需进行相应操作。

（6）为空速管加温

存在下列条件之一时，需要为空速管加温。

① 外界大气温度低于 40 ℉（约为 4 ℃）。

② 飞机在明显的水汽（云、雨、雪、雾等）中运行。

③ 怀疑空速管积冰或堵塞。

（7）外部灯光

开始下降时打开频闪灯。

（8）混合比

按需保持，以使发动机工作平稳。

（9）下降功率

① 设置巡航下降的发动机转速。

② 按照高距比计算下降速度，进行有计划的下降。

③ 在收油门前应先向前推动混合比杆，调节混合比为富油。

（10）发动机指示系统

检查滑油压力、滑油温度、电流表、真空计。

（11）燃油选择活门

将燃油选择活门置于双位。

（12）进近简述

目视飞行进近简述内容如下。

① 着陆跑道号，跑道长度。

② 加入起落航线的方法。

③ 起落航线的方向。

④ 起落航线的高度。

仪表飞行进近简述内容如下。

① 进场方式，进近类型，主用导航设备、频率、识别码。

② 最后进近航道。

③ 下滑道截获高度/最后进近定位点（Final Approach Point，FAF）的最低高度。

④ 决断高度/最低下降高度（DA/MDA）。

⑤ 机场标高/接地区标高。

⑥ 中断进近/复飞点。

⑦ 中断进近/复飞描述。

⑧ 相关进近程序注意事项。

⑨ 指示空速，襟翼构型。

⑩ 着陆跑道号，跑道长度。

（13）口令

发出"进近检查单"口令。

（14）进近检查单

执行进近检查单。

（十四）着陆前

（1）座椅靠背

调整座椅靠背为完全直立。

（2）座椅/安全带

检查并确认座椅/安全带牢固。

（3）燃油选择活门

将燃油选择活门置于双位。

（4）混合比

按需设置混合比。

（5）座舱 12 V 电源开关

确认座舱 12 V 电源开关置于关位。

（6）外部灯

打开着陆灯、滑行灯和频闪灯（如适用）。

（7）襟翼

C172 机型正常着陆时设置襟翼为 30°。

（8）进近

确认飞机处于稳定的进近中。

稳定的进近条件如下。

① 证实——所有检查单完成。

② 飞行轨迹正确（对正中线）。

③ 着陆外形正确。

④ 速度合适（为 61 ～66 KIAS）。

⑤ 油门设置正确。

⑥ 下降速度正常（在下滑线上）。

注意： 五边上的飞行操纵的目的主要是获得稳定的进近状态。

注意： 当阵风等因素改变或收到 ATC 指令时，需要调整速度和襟翼位置。

（9）口令

发出"五边检查单"口令。

（10）五边检查单

执行五边检查单。

（十五）着陆后

（1）为空速管加温

为避免损坏设备，对空速管进行加温的地面使用时间禁止超过 2 min。

（2）外部灯

关闭频闪灯、着陆灯（如果夜间滑行需要，着陆灯可以保持打开）。

（3）混合比

为避免发动机因飞机地面长时间小功率运行而积碳，需要设置混合比为稍贫油，推荐程序如下。

调整油门设置发动机转速为 1200 RPM，调整混合比为贫油，使发动机达到最大转速。调整油门使发动机转速为适合地面工作时的转速（地面工作时一般设置发动机转速为 800～1000 RPM）。

（4）襟翼

收上襟翼。

（5）升降舵配平

调整升降舵配平控制轮，使控制轮上的参考标志位于起飞位。

（6）口令

发出"着陆后检查单"口令。

（7）着陆后检查单

执行着陆后检查单。

（十六）停机

（1）座舱加温/通风

关闭座舱加温和座舱通风。

（2）BUS1 和 BUS2

将 BUS1 和 BUS2 置于 OFF 位。

（3）油门

将油门杆置于慢车位。

（4）磁电机

关车前，测试磁电机接地情况，推荐程序如下。

先转动磁电机钥匙至 OFF 位，然后快速转回双磁位。若磁电机钥匙在 OFF 位时出现停车趋势，则说明磁电机接地良好；否则说明磁电机接地故障，需要报告地面人员。

（5）混合比

当混合比杆被置于最后的位置上（完全拉出）时，发动机供油在燃油分配系统处被切断，停止向发动机供油。正常情况下的关车使用混合比杆。

（6）磁电机

螺旋桨停转后及时将磁电机钥匙转至 OFF 位，取下磁电机钥匙后，将磁电机钥匙放在座舱规定位置。

（7）S 电池电门

关闭 S 电池电门。

（8）总电门（ALT 和 BAT）

若需要灯光照明，则可在执行完停机检查单后关闭总电门。

（9）全部开关

证实所有开关都已关闭。

（10）燃油选择活门

当停机地面不平时，若燃油选择活门位于双位，则可能导致左、右油箱的燃油交输。因此将燃油选择活门置于左位或右位，以免出现此情况。

（11）口令

发出"停机检查单"口令。

（12）停机检查单

执行停机检查单。

（十七）离机

（1）磁电机

证实磁电机关闭，将磁电机钥匙从飞机上取走。

（2）舵面锁

为防止阵风导致活动舵面偏转损坏系统，在停机后应设置舵面锁。将驾驶盘向后拉，使驾驶盘上的小孔和固定装置上的小孔对齐，把舵面锁销插入小孔，固定驾驶盘同时固定各活动舵面。

设置舵面锁后，舵面锁的警告旗会挡住磁电机钥匙插孔，以避免在未解除舵面锁时启动发动机。

（3）飞机外部

检查并确认飞机外部无损伤。

（4）支柱

确认前起落架支柱上没有任何液体泄漏。

（5）轮胎

检查轮胎的磨损情况，并确认胎压正常。

（6）系留

正确地挡好轮挡，系好飞机系留。若飞机停留在无人看管的外场，则需要确认飞机舱、门已锁好。

二、正常检查单

完成了规定程序后用正常检查单（Check List）来保证所有安全点已正确执行检查，正常检查单包括的项目仅限于那些如不正确执行检查将直接影响安全和效率的方面。

所有正常检查单由飞行员执行，并念出检查单内容。正常检查单是提问—回答式的，执行单人制机组程序时由飞行员完成，飞行员读出检查单内容，在完成了现有状态检查后才能对提问做出回答。如果现有状态与检查单不一致，就应做出修正后再做出回答。如果不能做出修正，就修改回答的内容，以反映实际情况（特殊回答）。对于那些必须进行的检查单项目，应根据实际情况或系统状态来回答。

特别注意：正常检查单不是操作检查单（Do List），应在完成动作或检查后再读检查单。在读出正常检查单时，若还没有获得满意的状态，则应执行修正操作。由于不同飞行训练部门按需制定其正常检查单，因此不同部门间的正常检查单会存在微小差异，在此附上C172R NAV Ⅲ 正常检查单，以供读者学习参考。

C172R NAV Ⅲ 正常检查单

开车前检查单	
1. 备用电瓶电门	测试、ARM 位
2. 乘客简令	完成
3. 安全带、舱门	系好、关好
4. 停留刹车	刹住
5. 发动机仪表	无红色×号
6. 电压、电流	正常
7. 备用电瓶警告	确认
8. ALT 和 BAT	开
9. BUS1 和 BUS2	开
10. 防撞灯、航行灯	开
11. 油门杆位置	按需
12. 混合比杆	关断
13. 请示开车	完成
14. QNH、应答机	调好
15. BUS1 和 BUS2	关
16. 清场，启动发动机	开始
开车后检查单	
1. 滑油压力	绿区
2. 发动机转速	转速 1200 RPM，调贫油
3. 计时	完成
4. BUS1 和 BUS2	开
5. 磁电机	双磁位
6. 电流负载	正
7. 低电压警告	检查
8. 导航频率	设置、检查
9. 通信频率、音量	设置、调整
10. 主、备飞行仪表	检查
11. 起飞航向、高度表	调好

开车后检查单	
12. 燃油油量	设置
13. 电子设备	检查
14. 飞行计划	设置
15. 襟翼	起飞位
16. 飞行操纵	检查
17. 起飞简令	完成
18. 暖车/试车	完成/开始
滑行检查单	
1. 滑行灯、频闪灯	开
2. 刹车	检查
3. 仪表、转弯陀螺仪、侧滑仪	检查
起飞前检查单	
1. 舱门、侧窗	关好
2. 着陆灯	开
3. 为空速管加温	按需
4. 混合比杆	富油位
5. 五边	清场
起飞后检查单	
1. 着陆灯、滑行灯	关
2. 襟翼	收上
机动飞行前检查单	
1. 高度	合适高度、ATC 指令高度
2. 空域	X 号空域、ATC 指令范围
3. 安全	安全带系好，无松动物品
4. 发动机	仪表绿区、无警告、油箱正常位
5. 对外观察	净空转弯完成
巡航检查单	
1. 高度表	按修压或标压设置
2. 巡航功率	设置
3. 混合比	调整
4. 燃油	检查平衡
5. 通信、导航频率	设置
下降/进近检查单	
1. ATIS 或进近指令	抄收
2. 通信、导航频率	设置
3. 高度表	按修压或标压设置
4. 进近简令	完成

续表

着陆前检查单	
1. 着陆灯	开
2. 磁电机	双磁位
3. 混合比杆	富油位
4. 襟翼	着陆位
5. 双脚	不带刹车
着陆后检查单	
1. 着陆灯、滑行灯	关/开
2. 空速管加温系统	关
3. 襟翼	收上
座舱检查单	
1. 舵面锁	取下
2. 飞行文件	齐全
3. 重量与平衡	计算
4. 停留刹车	刹住
5. ALT 和 BAT	关
6. BUS1 和 BUS2	关
7. 磁电机	钥匙拔出
8. 跳开关	按入
9. 备用静压源	按入
10. 配平	起飞位
11. 燃油关断活门	按入
12. 燃油选择活门	双位
13. 灭火器	绿区
14. ALT 和 BAT	开
15. BUS1/BUS2	开/关
16. 灯光	开
17. 为空速管加温	开
18. 襟翼	全放下
19. 灯光、为空速管加温	外部检查
20. 灯、为空速管加温系统、ALT 和 BAT 开关	关
外部检查单	
1. 轮挡、系留、牵引杆、堵头	移除
2. 左舱门、风挡	检查
3. 左起落架、轮胎	检查
4. 左侧襟翼、副翼、机翼	检查
5. 失速告警	检查

外部检查单	
6. 左油箱	检查、放油
7. 前起落架、轮胎	检查
8. 机头下部	放油
9. 整流罩、螺旋桨、机头、进气口	检查
10. 滑油	检查
11. 右油箱	检查、放油
12. 右舱门、风挡	检查
13. 右机翼、副翼、襟翼	检查
14. 右起落架、轮胎	检查
15. 右机身、天线	检查
16. 尾翼、升降舵、方向舵、尾环	检查
17. 左机身、行李舱	检查
18. 座椅	调整
关车检查单	
1. 停留刹车	刹住
2. 烧电阻	1800～2000 RPM
3. G1000 时间	记录
4. 备用电瓶电门	关
5. BUS1 和 BUS2	关
6. 油门杆、混合比杆	收回/关断位
7. 磁电机	钥匙拔出
8. 灯光电门	关
9. ALT 和 BAT	关

乘客简令

您好！我是机长。请您系好安全带；红色电门与把手请不要扳动；杂物、呕吐物请您使用清洁袋收纳；飞机出现特情，请您服从机长指挥。谢谢

起飞简令

本次飞行科目：起落、空域、仪表或转场；使用跑道 XX 号；左/右航线（左转或右转飞向 XX、XX 号离场）；起始高度 XX m；抬前轮速度（V_R）55 KIAS 抬前轮；起飞决断速度（V_1）前发动机失效，中断起飞；起飞决断速度 V_1 后发动机失效，高度低，左右 45° 范围内选场迫降；高度高，保持有利下滑速度（$V_{下滑}$）68 KIAS，返场降落。我操控飞机，你监视提醒

进近简令

进近通波已抄收；使用跑道 XX 号；XX 号进场；ILS/VOR/NDB 进近；导航台频率 XX；五边航向道 XX；QNH XX；XX n mile 程序转弯；XX n mile 建立五边着陆构型；决断高度 XX m；能见跑道，着陆；未见跑道，按程序复飞，上升高度到 XX m，重新加入进近程序或去备降机场

第三节 缩略语

民航领域有很多专业词汇使用的是英文缩写，为了理解飞行手册的内容和更好地操纵飞机，在此将相关专业缩略语进行汇总，包含通用空速术语与符号、气象术语、发动机术语、飞机性能与飞行计划术语、重量与平衡术语。

一、通用空速术语与符号

（1）KCAS

修正表速（Knots Calibrated Air Speed，KCAS），是指对位置和仪表误差进行修正的指示空速，单位为 KNOTS。

（2）KIAS

指示空速（Knots Indicated Air Speed，KIAS），在空速指示器上显示，单位为 KNOTS。

（3）KTAS

真空速（Knots True Air speed，KTAS），是指相对于修正表速，根据高度和温度修正的未扰动气流的空速，单位为 KNOTS。

（4）V_A

V_A（Maneuvering Speed，机动速度），是指全行程或突然操纵产生的气动载荷不会使飞机过度受力的最大速度。

（5）V_{FE}

V_{FE}（Maximum Flap Extended Speed，最大放襟翼速度），是指襟翼在指定放出位置允许的最大速度。

（6）V_{NO}

V_{NO}（Maximum Structural Cruising Speed，最大结构巡航速度），是指飞机只允许在平稳气流中飞行且需要飞行员谨慎操作的最大速度。

（7）V_{NE}

V_{NE}（Never Exceed Speed，最大限制速度），是指任何时候飞机都不能超过的速度。

（8）V_S

V_S（Stalling Speed or the Minimum Steady Flight Speed，失速或最小稳定飞行速度），是

指控制飞机所需要的最小速度。

（9）V_{S0}

V_{S0}（Stalling Speed or the Minimum Steady Flight Speed，失速或最小稳定飞行速度），是指飞机在着陆形态下重心最靠前时控制飞机所需要的最小速度。

（10）V_X

V_X（Best Angle-of-Climb Speed，最佳爬升角速度），是指在一定水平距离内可获得最大高度的速度。

（11）V_Y

V_Y（Best Rate-of-Clime Speed，最佳爬升速度），是指在一定时间内可获得最大高度的速度。

二、气象术语

（1）OAT

外界大气温度（Outside Air Temperature，OAT），是指大气静压温度，可用摄氏度或华氏度来表示。

（2）Standard Temperature

Standard Temperature（标准温度），在海平面压力高度时为 15℃，高度每增加 1000 ft，温度降低 2℃。

（3）Pressure Altitude

Pressure Altitude（压力高度），是指当高度表的气压刻度设置在 29.92 inHg（英寸汞柱）（101.32 kPa）时，从高度表读出的高度。

三、发动机术语

（1）BHP

BHP（Brake Horsepower，制动马力），是指由发动机提供的动力。

（2）RPM

RPM（转每分），是指发动机转速。

（3）Static RPM

Static RPM（静态转速），是指飞机在地面静止时，发动机满油门工作达到的速度。

（4）MAP

进气压力（Manifold Absolute Pressure，MAP），是指测得的发动机进气系统的绝对压力，其测量单位为 inHg。

（5）Lean Mixture

Lean Mixture，是指减小供给发动机的油气混合物中的燃油比例。在油门一定时，大气密度减小，发动机所需燃油油量也会减小。因此，调节油气比例使燃油比例减小就叫作调贫混合比。

（6）Rich Mixture

Rich Mixture，是指增加供给发动机的油气混合物中的燃油比例。在油门一定时，大气密度增加，发动机所需燃油油量也会增加。因此，调节油气比例使燃油比例增加就叫作调富混合比。

（7）Full Rich

Full Rich，是指将混合比杆置于最前端（按入，混合比杆全行程移向面板）。

（8）Idle Cutoff

Idle Cutoff，是指将混合比杆置于最后端（拉出，混合比杆全行程移离面板）。

（9）Throttle Full

Throttle Full，是指满油门（按入，油门杆全行程移向面板），也称为全开油门。

（10）Throttle Closed

Throttle Closed，是指安全收光油门（拉出，油门杆全行程移离面板），也称为油门慢车位。

四、飞机性能与飞行计划术语

（1）Demonstrated Crosswind Velocity

Demonstrated Crosswind Velocity 表示演示侧风速度。

（2）Crosswind Velocity

Crosswind Velocity（侧风速度），是指在适航测试中实际验证了的在起飞和着陆阶段能从容操纵飞机的侧风分量速度。该显示数值不受限制。

（3）Usable Fuel

Usable Fuel（可用燃油），是指在执行飞行计划时可安全使用的燃油油量。

（4）Unusable Fuel

Unusable Fuel（不可用燃油），是指在飞行时不能安全使用的燃油油量。

（5）GPH

GPH 即 gal/h，是指每小时燃油的消耗量。

（6）NMPG

NMPG 即 nm/gal，是指在一定的发动机推力和（或）飞行形态下耗费每加仑燃油预计可飞行的距离。

（7）*G*

G，即 *g*，是指由重力引起的加速度。

（8）Course Datum

Course Datum（航道基准），是指自动驾驶仪使用的罗盘基准，在跟踪一个导航信号时，与航道偏离指示器一起进行横向操纵指引。

五、重量与平衡术语

（1）Reference Datum

Reference Datum（基准点），是指一个假设的垂直面上的一点，飞机上各部位的位置均用距此点的水平距离表示。

（2）Station

Station（站位），是指根据从假定基准线沿飞机机身确定的一个距离位置。

（3）Arm

Arm（力臂），是指一个物体从基准线到重心（C.G.）的水平距离。

（4）Moment

Moment（力矩），是指一个物体的重量与其力臂的乘积。

（5）Center of Gravity

Center of Gravity（重心），是指飞机或设备悬浮时的一个平衡点。

（6）C.G. Arm

C.G. Arm（重心力臂），是指各部分单个力矩之和除以飞机总重量得到的力臂。

（7）C.G. Limits

C.G. Limits（重心限制），是指在一定重量下能够使飞机正常工作的重心的位置范围。

（8）Standard Empty Weight

Standard Empty Weight（标准空重），是指标准飞机的重量，包括不可用的燃油、工作所用的液体，以及所有发动机滑油。

（9）Basic Empty Weight

Basic Empty Weight（基本空重），是指标准空重加上选装设备的重量。

（10）Useful Load

Useful Load（有效载荷），是指停机坪重量与基本空重之差。

（11）MAC

平均气动力弦（Manifold Absolute Chord，MAC），是指一条假想的矩形翼弦，它在整个飞行过程中拥有与实际机翼相同的俯仰力矩。

（12）Maximum Ramp Weight

Maximum Ramp Weight（最大停机坪重量），是指地面机动操作允许的最大重量，包括启动发动机、滑行及滑跑所用的燃油重量。

（13）Maximum Takeoff Weight

Maximum Takeoff Weight（最大起飞重量），是指开始起飞滑跑时允许的最大重量。

（14）Maximum Landing Weight

Maximum Landing Weight（最大着陆重量），是指着陆接地时所允许的最大重量。

（15）Tare

Tare（皮重），是指在为飞机称重的过程中使用的木楔、滑板、支座等的重量，这一重量包含在刻度读数里。刻度读数值减去皮重得到的是飞机的实际（净）重量。

第三章

基本驾驶技术

飞机操纵技能和飞行操纵技能是每位飞行员都应当具备的基本技能。

本章将对飞行员基本驾驶技术进行详细的讲解,包含飞行操纵原理和基本飞行科目。飞行操纵原理部分依据飞行力学及空气动力学知识,对飞机受力和飞机舵面的偏转进行分析,让学员充分了解其每一次操纵背后的原理。基本飞行科目包含平直飞行、转弯(盘旋)、爬升、下降、状态转换、起飞、进近和着陆。本章将对每一个基本飞行科目进行详细讲解。

第一节　飞行操纵原理

本节通过对飞机受力及飞机舵面的偏转进行分析,来介绍飞行操纵原理。

一、飞机飞行过程中的受力

在飞行过程中作用在飞机上的 4 个力分别是升力(Lift)、重力(Weight)、拉力(Thrust)和阻力(Drag)。只要飞机起飞升空,这 4 个力就会作用在飞机上,如图 3-1 所示。

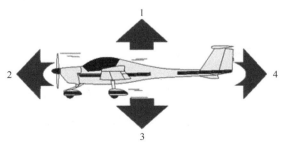

1—升力；2—拉力；3—重力；4—阻力。

图 3-1　飞机飞行过程中受到的力

1. 升力

升力是流过机翼上下翼面的气流产生的一个向上的力。机翼向前运动，会使上、下翼面承受的压力产生差异。上翼面承受的压力小，下翼面承受的压力大，升力就来自这个上、下翼面的压力差。由于存在升力，所以飞机能脱离地面在空中飞行。

2. 重力

重力的方向与升力的方向相反，是因地球引力产生的一个向下的力。重力的大小是由飞机自身的重量，以及携带的燃油油量决定的。虽然燃油在飞行过程中慢慢被消耗，但飞机的重量在飞行过程中变化不大。

3. 拉力

拉力是促使飞机在空中向前飞行的力，它的大小主要取决于发动机输出的功率。一般说来，发动机输出的功率越大，其产生的推力越大，即飞机受到的拉力越大，飞机飞行的速度越快。

4. 阻力

由于存在空气，飞机在空中飞行时会受到空气的阻碍，这个阻碍形成了与拉力方向相反的阻力。可见，阻力限制了飞机速度的提高。

飞机是依靠拉力加速的，但是阻力是决定飞行速度的关键。通过空气动力学分析计算可知，阻力和飞行速度的平方值成正比。当飞机速度是原来的 2 倍时，阻力是原来的 4 倍。阻力会随着速度的提高而提高，当阻力和拉力相等时，飞机的速度将保持不变，称此状态为匀速飞行。当飞机的速度较低时，作用在飞机上的阻力较小，因此只需要较小的拉力就可以使飞机匀速飞行。剩余的拉力可以用于帮助飞机在飞行过程中完成其他动作，如爬升、转弯。

二、飞机的 3 个旋转轴

飞机的 3 个旋转轴并不是真实存在的。所有飞行动作都是围绕这 3 个轴中的一个或多个产生的，它们分别称为飞机的纵轴（Longitudinal Axis）、横轴（Lateral Axis）和立轴（Vertical Axis），如图 3-2 所示。

1—立轴；2—纵轴；3—横轴。

图 3-2 飞机的 3 个旋转轴

1. 纵轴

纵轴也称为长轴（Long Axis），从机头穿入，从机尾穿出。当偏转副翼时，飞机就会做绕纵轴的滚转（Roll）运动。

2. 横轴

横轴从一侧机翼的翼梢穿入，穿过机身后，从另一侧机翼的翼梢穿出。当升降舵上、下偏转时，产生的空气作用力会使飞机的机头绕着横轴抬高或降低，该过程称为俯仰运动。

3. 立轴

立轴从上往下穿过机身重心。当方向舵左、右偏转时，产生的空气作用力会使飞机的机头绕着立轴向左或向右摆动，该过程被称为偏航（Yaw）运动。

三、副翼的工作原理

副翼是位于机翼后缘的活动控制面。副翼向下偏转，机翼的弯度增大，升力增大；副翼向上偏转，机翼的弯度减小，升力减小。由于副翼能改变机翼的升力，因此飞行员利用副翼来实现飞机的倾斜［又称压坡度（Bank）］操作。倾斜实际上就是小幅度的滚转动作，但是民航飞机是不能实现滚转动作的，只有特技类飞机和战斗机能实现滚转动作。当驾驶员向右压盘（压驾驶盘）时，左、右副翼会同时朝相反的方向偏转。左副翼朝下，左机翼升力增大；右副翼朝上，右机翼升力减小，飞机会绕纵轴向右倾斜，如图 3-3 所示。同理，当驾驶员向左压盘时，左副翼朝上，升力减小；右副翼朝下，升力增大，飞机绕纵轴向左倾斜，如图 3-4 所示。

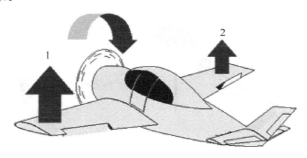

1—左机翼升力增大；2—右机翼升力减小。

图 3-3　飞机副翼偏转（向右压盘）

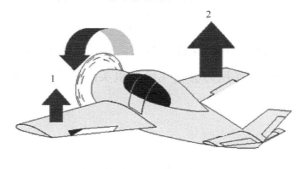

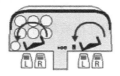

1—左机翼升力减小；2—右机翼升力增大。

图 3-4　飞机副翼偏转（向左压盘）

四、升降舵工作原理

升降舵是安装在机尾的可以偏转的水平控制面，它的作用是调整飞机的俯仰角。它和固定部分——水平安定面，一起构成飞机的尾翼。升降舵的工作原理和副翼的工作原理一样。通过偏转升降舵，可以改变尾翼的弯度，从而使作用在尾翼上的空气动力发生改变，以达到控制飞机俯仰姿态的目的。当向后带杆（拉驾驶盘）时，升降舵向上偏转，受到向下的压力，机尾绕横轴下降，机头抬起，如图 3-5 所示。当向前稳杆（推驾驶盘）时，升降舵向下偏转，受到向上的压力，机尾绕横轴抬起，机头下降，如图 3-6 所示。简单来说，带杆使机头抬起，稳杆使机头下降。

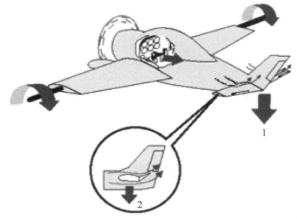

1—向下的压力；2—升降舵上偏。

图 3-5 升降舵偏转（向后带杆）

1—向上的压力；2—升降舵下偏。

图 3-6 升降舵偏转（向前稳杆）

还有一种控制飞行的方法，就是利用方向舵让飞机绕着立轴转动，做偏航运动，相关内容将在后面的章节详细介绍。

第二节　基本飞行科目

通过上一节介绍的飞行操纵原理，可以熟悉如何控制飞机的姿态，本节将结合实际飞行对基本飞行科目进行详细介绍。

一、平直飞行

下面基于静风条件，介绍如何使飞机保持平直飞行状态。

（一）直线飞行

姿态指示器又称姿态仪，在六大主要飞行仪表（见图 3-7）中位于上排正中央处。姿态指示器指针指示的机翼与地平线平行，说明飞机未发生倾斜、无坡度，可认为飞机处于直线飞行状态。也可以通过观察左右机窗外两侧机翼与地平线的相对位置，来进行判断。如果飞机处于直线飞行状态，那么两侧机翼与地平线间的距离是相等的。

图 3-7　六大主要飞行仪表

姿态指示器是非常重要的仪表，该仪表根据自然地平线设计了模拟地平线。姿态指示器的作用是指示飞机在空中的姿态，包括俯仰角、机翼相对于地平线倾斜的坡度。姿态指示器上半部分的颜色是蓝色，表示天空；下半部分的颜色是棕色，表示大地。在天地之间，有一条白色的细线，表示模拟地平线。当能见度很低，看不到自然地平线时，飞行员需要参考姿态指示器来飞行。

向左压盘，飞机会向左倾斜。这个动作会让飞机的左机翼下沉，右机翼上升，发生向左的横滚，如图 3-8（a）所示。这是左转的方式，观察姿态指示器可以看到其中橙色小飞机的左机翼会向模拟地平线倾斜。根据相对运动的观点，实际上移动的是姿态指示器中的球体，球体相对于橙色小飞机发生转动，指示了飞机现在的飞行姿态。只要通过姿态指示器判断哪边机翼正朝向地面，就可以知道飞机倾斜的方向。按照上面的方法，轻轻地向右压盘，姿态指示器会指示一个向右的横滚动作，如图 3-8（b）所示。操纵飞机，使姿态指示器内橙色小飞机的机翼与模拟地平线保持平行后，说明飞机无坡度，恢复直线飞行，如图 3-8（c）所示。总之，只要飞机没有坡度，就不会做横滚运动，而是保持直线飞行。

（a）向左横滚　　　　　　　（b）向右横滚　　　　　　　（c）直线飞行

图 3-8　不同状态时的姿态指示器

还有一个办法可以判断飞机是否处于直线飞行状态，那就是使用航向仪，如图 3-9 所示。航向仪在六大主要仪表中位于下排正中央。航向仪的功能是指示飞机的航向。在读数时，将仪表盘上每个数值后面加一个 0，得到的就是飞机的航向。例如，数字 3 表示航向30°。正北方向（N）是 0°或 360°；正东方向（E）是 90°；正南方向（S）是 180°；正西方向（W）是 270°。每间隔 30°出现一个数值，每两个数值之间以 5°（短线）和 10°（长线）为刻度单位。

图 3-9　航向仪

若想按照某一特定航向飞行，直接转到该航向即可。如果想朝东飞，直接调整飞机航向，直到航向仪表盘上白色飞机的机鼻对准字母 E（向东，航向 90°）即可。只要航向保持不变，飞机就处于直线飞行的状态。

（二）水平飞行

水平飞行是指飞行高度保持不变的飞行状态，又称平飞。飞机的迎角增大（机头抬高），机翼的升力就会增大，飞机就会上升，可以向后带杆进行验证。当向后带杆时，机头抬高，姿态指示器中的小飞机也会指向天空（蓝色部分），如图 3-10（a）所示。姿态指示器右侧为高度表（Altimeter），高度表指针会随飞行高度的增加顺时针旋转 [见图 3-10（b）]。在读数时，长指针对应的刻度乘以 100 ft，短指针对应的刻度（大于 1）乘以 1000 ft，二者相加得到的就是飞机的气压高度。

图 3-10（c）所示为垂直速度表，其指针向上偏转，表示飞机的爬升速度为正，飞机正在上升，且此时高度表指示数值增加。当垂直速度表指针指示为 0 时，表示飞机在平飞；当垂直速度表指针向下偏转时，表示飞机在下降，且此时高度表指示数值减小。

（a）姿态指示器

（b）高度表

（c）垂直速度表

图 3-10　姿态指示器、高度表和垂直速度表

由以上介绍可知，要使飞机保持平飞状态，必须让高度表的指针保持不变，同时垂直速度表的指针指示 0，这也是确定飞机是否处于平飞状态的正确做法。要让指针保持稳定，说起来容易，做起来并不容易。要想真正掌握平飞技术，需要进行相当多的练习。平飞并非飞行高度没有任何变化。对于私照飞行员来说，平飞是指能将飞机控制在目标高度±100 ft 的范围内。

（三）配平调整片

飞机在飞行时，作用在各舵面上的气动力会通过操纵索传递到驾驶盘，飞行员会感受到气动力的大小。在飞行过程中，为了使机头保持在所需姿态，飞行员必须用力握住驾驶盘。如果长时间用力向后带杆，手臂就会感到疲劳。为了解决这个问题，飞机上安装了一个叫作配平调整片的装置。利用配平调整片可以抵消各舵面受到的传递到驾驶盘上的气动力，从而减轻飞行员手臂的负担。

配平调整片是面积不大的、可动的控制面，安装在升降舵的后缘。图 3-11 所示为配平调整片和配平控制轮。配平控制轮用来调整配平调整片的位置。在飞机上，配平控制轮位于两个前座之间或仪表面板下方。调整配平调整片的位置，可以让配平调整片受到的压力产生微小变化。适度的压力可以带动升降舵偏转，不必操作驾驶盘，因此配平操纵系统使用得当可以抵消飞行员的操纵力，减轻操纵负荷。值得注意的是，配平操作动作的方向应该与对应的主操纵方向一致。例如，若想使飞机抬头，则应向后转动配平控制轮；若想使飞机低头，则应向前转动配平控制轮。

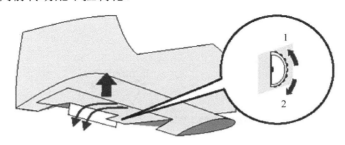

1—向前转动配平控制轮；2—向后转动配平控制轮。

图 3-11　配平调整片和配平控制轮

下面介绍如何在平直飞行时对飞机进行配平。

先通过主操纵稳定飞机平飞状态，然后试探性地松开驾驶盘，观察飞机姿态的变化，如果俯仰姿态增加，就动作轻柔地稳杆，使飞机恢复平飞状态，再向前转动配平控制轮。打配平的原则是少量多次，边打边重复上述动作。若手完全脱离驾驶盘飞行状态依然稳定，则证明已完成配平操作。为使飞机保持平飞，需要有耐心地反复执行配平操作，直到垂直速度表的指针保持相对水平、爬升速度接近零为止。如果试探性地松开驾驶盘，飞机的俯仰姿态减小，就需要向后转动配平控制轮以抵消带杆的操纵力，这一操纵同样要遵守少量多次的原则。不论飞机配平得多完美，飞行状态总会出现小幅度的波动。飞行高度在目标高度±100 ft 的范围内波动都是可以接受的。

上述内容介绍了飞机受到的 4 个力，飞机的 3 个旋转轴、副翼和升降舵的工作原理，以及如何练习平直飞行、如何对飞机进行配平。内容虽然不难，但是要完全掌握这部分知识，还需要进行大量练习。这部分练习比较枯燥，但是熟练掌握这些最基本的操作技能是飞行的基础。

二、转弯（盘旋）

升力沿着垂直方向向上拉拽飞机，可以让飞机升空。升力在向上拉拽飞机的同时，如果它产生一部分向左或向右的分力，那么飞机就可以依靠这一部分分力转弯。图 3-12 中的飞机 B 显示了飞机侧倾时的总升力。升力的垂直分力向上拉拽飞机，升力的水平分力则向转弯方向拉拽飞机。使飞机转弯的是升力的水平分力，也就是通常所说的向心力，该力使飞机做圆周运动。飞机的坡度越大，升力的水平分力越大，飞机的转弯角速度越大，转弯半径越小。

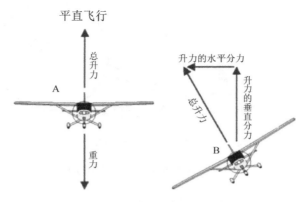

图 3-12　飞机受力分析

上一节介绍了飞机横滚姿态的实现是靠偏转副翼来完成的，即向左或向右压盘让飞机带坡度。转弯时，柔和地压盘，使飞机向目标坡度滚转，当飞机的坡度到达目标坡度时，将驾驶盘归正，飞机会在这个坡度基本保持稳定，如果飞机偏出目标坡度，就用驾驶盘进行修正，以使飞机维持坡度。

飞机在转弯时，总升力产生水平方向和垂直方向两个分力，原本平衡飞机重量的垂直升力减小了。这时受重力的作用，飞机的高度会下降。所以在进入转弯动作时，应该稍微增大升力来抵消重力的影响，具体做法是稍向后带杆，增加飞机抬头姿态。这个通过带杆施加的力，将加大机翼的迎角，因此可以小幅度提高机翼的升力。但是迎角加大，飞机受到的阻力也会随之增大，飞机的速度将因此而降低。操作中小坡度（30°或以下）转弯，由于升力的垂直分力减小得不多，为了维持飞机高度增加的飞机抬头姿态较小，因此飞机速度不会明显降低。不过，在进行大坡度（45°或以上）转弯时，应增大油门，以维持转弯速度。

方向舵是位于飞机后端的可动垂直控制面，它的作用是调整机鼻的朝向，而不是让飞机转弯。飞机是靠横滚建立坡度进而实现转弯的。方向舵能够修正侧滑，也就是修正让机鼻偏离预定飞行轨迹的力。通过蹬舵，可以改变迎风的方向舵操纵面的偏转角度，进而让飞机沿着立轴实现偏航动作。这个偏航动作可以使机鼻转到期望的方向。

通过蹬舵，可以将机尾推向压力较低的方向。当机尾移动时，飞机会绕着立轴转动。向右蹬舵，机鼻就会向右偏航，如图 3-13 中的飞机 A 所示；向左蹬舵，机鼻就会向左偏航，如图 3-13 中的飞机 B 所示。

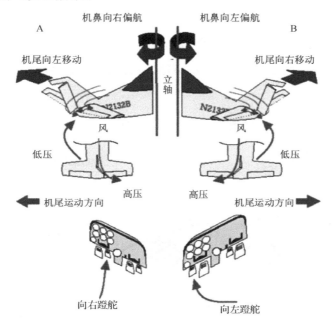

图 3-13　方向舵在转弯中的使用

如果在转弯过程中不使用方向舵，只靠压盘建立坡度，那么飞机会向与转弯方向相反的方向侧滑。为了消除转弯过程中产生的侧滑，必须要做到：向右压盘，向右蹬舵；向左压盘，向左蹬舵。那么，在转弯时蹬舵量应当为多少呢？这个就要依据前面提到的一块仪表——转弯侧滑仪，来进行衡量，如图 3-14 所示。转弯侧滑仪中的白色小飞机指示了飞机转弯的方向；其下方是一个装有黑色小球的玻璃管，小球会往左或往右自由滚动，指示了飞机有无侧滑。任何不适当的蹬舵操作（或者没有蹬舵），飞机都会受到不需要的侧边作用力，转弯侧滑仪中的小球会发生滚动，通过蹬舵将小球修正在玻璃管中间，则可说明飞机无侧滑。

图 3-14　转弯侧滑仪

　　图 3-15 所示为飞机转弯示意图。图 3-15（a）所示的机鼻朝转弯以外的方向偏出（或许是因为右方向舵作用不足，或许是因为右副翼过度作用）。转弯侧滑仪中的小球向右滚动，此时小球较预定转弯方向偏向内侧。换句话说，需要将机鼻稍微向右修正，才能精确对准转弯方向。右方向舵充分作用，机鼻对准转弯方向，转弯侧滑仪中的小球回到中央位置，如图 3-15（b）所示。图 3-15（c）所示的机鼻比预定的转弯方向偏向内侧（可能是因为右方向舵过度作用，也可能是因为右副翼发挥作用不足）。转弯侧滑仪中的小球向左滚动，此时小球向预定转弯方向的外侧偏。稍微向左蹬舵，可以使小球回到中央位置，保持机鼻朝向预定的转弯方向。简单地说，如果小球偏离中央位置向左或向右滚动，就分别向左或右蹬舵，让小球保持在中央位置。学员在飞行训练中有时会听到教员说"踩球"，其意思是小球向右滚，就向右蹬舵；小球向左滚，就向左蹬舵。

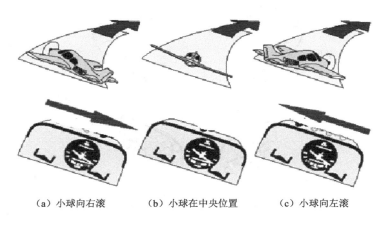

　　（a）小球向右滚　　　　（b）小球在中央位置　　　（c）小球向左滚

图 3-15　飞机转弯示意图

　　反向偏航（Adverse Yaw）是飞机配备方向舵的原因。飞机在朝右侧倾斜时，左副翼处于放下状态。放下的左副翼提高了左机翼的升力，会使左机翼上升，同时左机翼受到的阻力增大了。由于左机翼受到的阻力增大，左机翼会稍向后方拉拽。这会让飞机在右倾的同时，机鼻受到反方向（左侧）的拉拽（或偏航）力。反向偏航这个名词就是这么来的。如果飞机向右横滚，为使机鼻对着同一个方向飞行，应使用恰当的方向舵进行偏转。只要转弯侧滑仪中的小球保持在中央位置，就表示修正了反向偏航。在这种情况下，飞机处于协调转弯状态。

　　对转弯（盘旋）飞行方法的总结如下。

　　① 当转弯坡度小于 10° 时，无须向后带杆。

② 当转弯坡度大于 10° 且小于 20° 时，稍向后带杆，以保持飞机高度。

③ 当转弯坡度大于 20° 时，向后带杆，以保持飞机高度，且适量增大油门，以维持速度。

④ 注意转弯改出提前量。一般提前量为坡度的一半，即执行 20° 坡度转弯，应提前目标航向 10° 将坡度改平。

⑤ 盘舵协调一致，有去有回，以防坡度持续增加。

三、爬升和下降

（一）爬升

与飞行有关的一个错误观念——飞机是以多出来的升力实现爬升的。实际上，飞机爬升依赖的是维持飞机所需要的拉力以外发动机剩余的拉力，而非飞机的升力。

假设飞机在平直飞行、满油门的情况下的最大速度为 120 KIAS（见图 3-16 中的 A 飞机）。在平直飞行、满油门时，稍微向后带杆，机头上升（见图 3-16 中的 B 飞机），接着以小爬升梯度爬升，空速下降，和汽车爬坡的情形一样。试着以更大的爬升梯度爬升（见图 3-16 中的 C 飞机），空速下降到 70 KIAS。在这种情况下，并不是说只要飞机的速度超过 70 KIAS 就能实现爬升，而是需要额外的推力才能实现爬升。

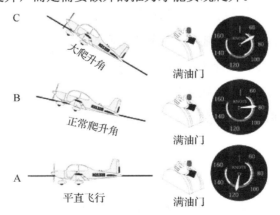

图 3-16　飞机油门-爬升角-速度关系

如果继续增加爬升梯度，飞机的空速还会进一步下降。然而，飞机飞行的实现还需要满足一个条件——速度维持在最低的爬升速度以上。飞机必须维持在这个速度以上，机翼才能产生能实现飞机爬升的力。飞机实现爬升所需要的最小速度叫作飞机的失速速度。失速速度是一个重要的速度值，它随着飞机重量、襟翼设置、动力设置的不同而不同。不同的飞机有不同的失速速度。飞机只要将速度维持在失速速度以上，就能够产生足够的升力实现爬升。

需要说明的是，只有拥有足够动力的飞机（如喷气战斗机）才能以更大的爬升梯度爬升；动力有限的飞机必须采用较小的爬升梯度爬升。在了解飞机爬升凭借的是额外的推力而非机翼的升力后，可以得出一些结论。例如，只要改变发动机输出的动力，就会改变飞机达到的最大爬升速度。影响发动机输出动力的因素有海拔、温度等。

飞机有特定的爬升角度（爬升姿态）来让其安全地维持在失速速度以上，同时完成最佳爬升程序。飞行员可以参考飞机的空速表，来获得适当的爬升角度。配合爬升所需的动力（小型飞机通常需要将油门调为最大），调整飞机俯仰姿态，直至达到要求的爬升速度。对于 C172R 型飞机而言，需要以约 75 KIAS 的速度来执行爬升，从而获得最大爬升速度。

增加抬头姿态，空速会减小；减小抬头姿态，空速会增大。机头的俯仰姿态会影响空速。

（二）下降

飞机不依靠动力也可以下降，只要调整好飞机姿态，飞机就可以利用重力下降。运用升降舵调整俯仰姿态，可以得到合理的下降空速。选择用多大空速下降，要考虑诸多因素，如能见度、发动机冷却程度、气流对飞机蒙皮结构的影响等。

C172R 型飞机通常要求保持 75 KIAS 的下滑速度和 500 ft/min 的下降速度；在进行最后阶段的降落过程时，应当维持空速为 60～70 KIAS；在过跑道入口处，速度至少要维持在 $1.3\,V_{S0}$；在接地瞬间，较大的空速或不当的发动机推力，往往会导致接地不平稳。

四、状态转换

对于飞行来说，状态转换是指基本飞行动作之间的转换，如爬升改平飞、平飞改爬升、下降改平飞、平飞改下降等。状态转换是飞行的基础技能。下面对状态转换操作的顺序和要领进行简要总结。

（1）爬升改平飞

操作顺序：一看高度、二稳杆、三看速度、四收油门。

飞机恒速爬升到提前目标高度 50 ft 时，应当稳杆减小爬升角度，由于爬升角度减小飞机会增速，因此当接近目标速度时，应收油门，以减小发动机推力，保持速度、高度、航向平飞。

（2）平飞改爬升

操作顺序：一柔和加油门和带杆、二看速度。

由于爬升角度增大飞机会减速，因此在将飞机的姿态从平飞改为爬升前应先柔和地增加油门，同时柔和地向后带杆，增加飞机爬升角度，检查速度的变化，待姿态、速度稳定，保持恒速爬升。

（3）下降改平飞

操作顺序：一看高度、二加油门、三看速度、四带杆。

飞机恒速下降到提前目标高度 50 ft 时，由于俯仰姿态增大，飞机速度会减小，因此应适当增加油门，同时向后带杆，增大飞机俯仰姿态，检查速度变化，待姿态、速度稳定，保持速度、高度、航向平飞。

（4）平飞改下降

操作顺序：一收油门、二稳杆、三看下降速度。

由于下降飞机俯仰姿态会减小，速度会增大，因此在平飞改下降前应先柔和地减小油门，同时柔和地稳杆改变飞机姿态，并检查速度和下降速度的变化，待速度、下降速度稳定，保持恒速下降。

为提高学员进行状态互换的能力，飞行教员设计了相关的训练状态互换的科目，下面将对该训练科目进行简要描述。该科目名为 A 图（见图 3-17），是经典的空域训练科目，进入条件为高度 2000 ft、速度 90 KIAS、航向 360°。执行一边恒速爬升（速度为 80 KIAS），目标高度为 3000 ft，当一边飞行 2 min 时，执行 270° 左盘旋。此处一定要注意一个原则：高度到了就改平，时间到了就转弯。当执行完一边转弯后，飞机航向为 90°，转换飞机状态执行二边恒速下降（速度为 75 KIAS，下降速度为 500 ft/min），目标高度为 2000 ft，当二边飞行 2 min 时，执行 450° 右盘旋，此时飞机航向为 180°。接着执行三边程序（同一边），之后依次执行四边程序（同二边），如果飞行数据都保持准确，最后飞机应当飞回原点。

该训练科目能够提高训练学员执行状态转换操作的能力，同时能较好地训练学员在大工作负荷下分配注意力的能力。

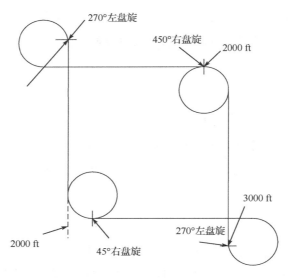

图 3-17　A 图

（所有边的飞行时间都为 2 min）

五、起飞

（一）正常起飞爬升

起飞是将飞机加速到足够大的速度，通过向后带杆增加飞机俯仰姿态并保持恒速爬升的过程。建议在向后带杆时，飞机的速度至少要比襟翼全收时的失速速度高 5 KIAS。50 KIAS 正好对应空速表中绿弧的起点。当空速表显示飞机空速达到 55 KIAS 时，增加飞机俯仰姿态，使其以 75 KIAS 左右的速度爬升。

正常起飞爬升的操作方法如下。

① 将油门杆推到最前，使飞机沿跑道中线滑跑，此时飞机会向左偏航。发生这个现象的原因为螺旋桨的滑流与发动机的扭力都会使飞机在起飞时向左偏转，只要适当的向右蹬舵，就可以使飞机重新对准跑道。

② 当空速表指示空速为 55 KIAS 时，柔和地向后带杆，使前轮抬起，增加飞机俯仰姿态。

③ 在爬升初始阶段飞机俯仰姿态不要太大，以使飞机压着跑道头起飞（见图 3-18），这样操纵有利于飞机增速，同时可以参考跑道头修正飞机起飞一边航迹，防止起飞之后偏离航迹。

图 3-18　飞机压着跑道头起飞

④ 当飞行速度增加到对应的 V_x 或 V_y，稳定当前飞行姿态，恒速爬升到指定高度。

（二）侧风条件下起飞爬升

在静风条件下，飞机起飞滑跑航迹不会受到任何影响，但是在起飞时如果遇到不同程度的侧风，那么侧风对飞机机翼和方向舵施加的气动力会使飞机在不采取任何措施的情况下不能保持沿跑道方向滑跑和起飞。因此，应当采取正确的操纵方法抑制飞机状态的变化，具体如下（见图 3-19）。

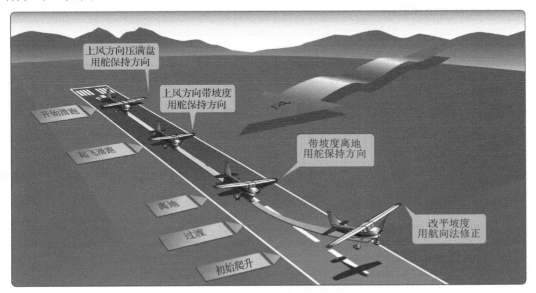

图 3-19　侧风条件下起飞爬升

① 向上风方向压满盘，使副翼全偏转，保持升降舵在中立位。

② 随着飞机的加速，按需调节副翼，使用方向舵使飞机在跑道上沿跑道中心线方向直线滑跑。若有很强的侧风，则应延长起飞滑跑时间，使飞机在地面上加速，确保离地更柔和、顺利。

③ 当飞机离开地面时，如果始终保持上风盘，就会导致下风方向的机翼上升，进而导致下风方向的主轮先离地。

④ 一旦飞机离地，就将机头偏向上风方向，保持一边航迹。

⑤ 在飞机离地后，保持以 75 KIAS 的速度爬升。

⑥ 以 75 KIAS 初始速度爬升，协调使用方向舵和副翼来保持一边航迹。

⑦ 到达最小安全高度 [500 ft 离地高度（Above Ground Level，AGL）] 后再开始巡航爬升。

六、进近和着陆

进近和着陆是飞行的最后阶段，也是对飞行员操纵要求比较高的飞行阶段，创造良好的五边条件对稳定地进近和着陆有很大帮助。下面对进近和着陆的飞行方法进行描述。

（一）正常进近和着陆

① 在最后进近 300 ft AGL 前，飞机应当保持稳定飞行，并将襟翼设置为着陆襟翼。

② 调整俯仰姿态和油门，保持 65 KIAS 的速度和合适的下滑角。

注意：在有颠簸的情况下，应当适当增加进近速度；在有阵风的情况下，进近速度增量为阵风风速的一半。

③ 在拉开始高度上（离跑道面 10～20 ft），增加俯仰姿态，柔和地将油门杆推至慢车位，飞机缓慢下降，使主轮先接地。

④ 在整个着陆滑跑过程中，保持操纵杆向后有利于飞机减速，机头随着速度的减小缓慢下沉，直至前轮接地。

⑤ 在脱离跑道中心线前，飞机应减速至滑行速度。

（二）侧风进近和着陆

航迹与期望航迹的夹角叫作偏流角（Drift Angle），如图 3-20 所示。偏流角的大小视空速、风速的大小及方向而定。在侧风中飞行，若不加修正，则只有偏流、无侧滑，最终会导致飞机不能沿期望航迹飞行，因此要对飞机进行修正以消除偏流，使飞机沿期望航迹飞行。在进近和着陆阶段有如下两种修正偏流的方法。

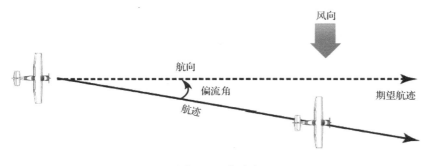

图 3-20 偏流角

1. 航向法

操纵飞机向侧风方向改变一个航向角，当改变的航向角正好等于偏流角时，便修正了偏流角，如图 3-21 所示。在使用航向法修正侧风时，飞机无侧滑和坡度。

2. 侧滑法

向侧风方向压盘，使飞机形成坡度产生侧滑，同时向侧风方向的反方向蹬舵，以保持机头方向不变，如图 3-22 所示。当侧滑角恰好等于偏流角时，便修正了偏流。

图 3-21 航向法

图 3-22 侧滑法

在飞行速度一定时，侧风大小决定了压盘量、蹬舵量和下滑角。

两种修正偏流的方法比较如表 3-1 所示。

表 3-1　两种修正偏流的方法比较

修正方法	优点	缺点
侧滑法	航迹与机体纵轴一致,便于保持飞机的运动方向;接地前改出侧滑法的修正量较易掌握	升阻比系数小,气动性能变差,能修正的侧风风速有限
航向法	不带侧滑和坡度,升阻比系数大,没有气动性能损失,不受侧风风速限制	航迹与纵轴不一致,飞行员不便于保持运动方向;飞机接地前改出航向法的修正量不易掌握

因此,在侧风条件下飞机进近和着陆的操纵方法一般如下。

① 五边前半段使用航向法修正侧风。

② 五边后半段使用侧滑法修正侧风,使飞机纵轴与飞行航迹一致。这种方法会导致上风方向上的主轮先接地,然后是下风方向上的主轮,最后是前轮。

注意:何时使用侧滑法取决于飞行员的操纵水平。

③ 随着操纵效应的减弱,应当增加侧风修正的操纵量。

(三)着陆目测

在目视进近中,飞行员根据飞机的高度及飞机与预定接地点之间的距离进行目测,操纵飞机降落在预定接地点的过程叫作着陆目测。准确的目测是指操纵飞机在预定接地点一定范围内接地。没有达到这一范围就接地叫作目测低;超过这一范围才接地叫作目测高。

要实现准确的目测需要正确选择下滑点、保持规定的下滑角、保持规定的下滑速度、正确掌握收油门的时机。

(1)正确选择下滑点

着陆五边下滑轨迹对准地面的一点叫作下滑点。对于小型飞机而言,预定接地点位置减去预定平飘段长度后为下滑点位置,一般为跑道头的大白块。

做好着陆目测,首先要保持下滑点正确。若实际下滑点在预定下滑点之后,则易目测低;反之,若实际下滑点在预定下滑点之前,则易目测高。

(2)保持规定的下滑角

在保持下滑点正确的前提下必须保持规定的下滑角,即保持高距比,这是在特定地点上空通过实施检查高度的方法来实现的。在不同的下滑角下,飞行员的视野是不同的,如图 3-23 所示。

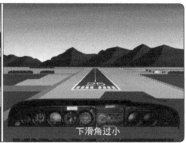

图 3-23 不同下滑角下的驾驶舱视野

一些跑道会在一侧安装相应的进近坡度指示灯，以指示飞机下滑线的高低。常用的指示灯有两种：VASI（目视下滑坡度指示器）和 PAPI（精密进近航道指示器）。VASI 的工作原理：当指示灯为两个红灯、两个白灯时，飞机下滑角与规定下滑角一致；当指示灯为四个红灯时，飞机下滑角低于规定下滑角；当指示灯为四个白灯时，飞机下滑角高于规定下滑角，具体情况如图 3-24 所示。PAPI 的工作原理：当指示灯为四个白灯时，飞机下滑角高出规定下滑角；当指示灯为三个白灯、一个红灯时，飞机下滑角稍高于规定下滑角；当指示灯为两个白灯、两个红灯时，飞机下滑角等于规定下滑角；当指示灯为一个白灯、三个红灯时，飞机下滑角稍低于规定下滑角；当指示灯为四个红灯时，飞机下滑角低于规定下滑角，具体情况如图 3-25 所示。

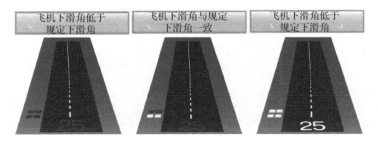

图 3-24 VASI

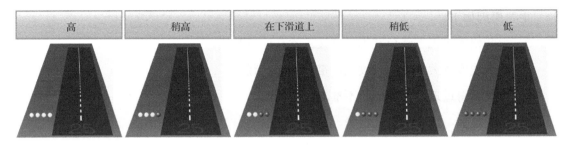

图 3-25 PAPI

（3）保持规定的下滑速度

在飞机飞行轨迹正确的前提下，即在下滑点和下滑角正确的前提下，应保持规定的五边下滑速度。在保持下滑角正确的前提下，下滑速度的大小主要取决于油门杆所在位置。

（4）正确掌握收油门时机

如果飞机以规定的下滑角和下滑速度进场，在拉平时收油门过早、过快，会造成目测低；反之，会造成目测高。

（四）着陆偏差的原因分析及修正

在飞机进近和着陆阶段，因种种原因下滑轨迹和目测可能出现不同程度的偏差，从而造成不稳定着陆。着陆偏差一般有以下几种情况：拉平高、拉平低、拉飘、跳跃和带交叉或带偏侧接地。

1. 拉平高

飞机结束拉平时的高度高于 1 m 叫作拉平高，如图 3-26 所示。

图 3-26　拉平高

主要原因如下。

① 拉开始前飞机下滑角减小，仍按正常高度拉开始。

② 下滑速度过大或油门未收完，带杆动作粗猛。

③ 视线看得过近，高度判断不准，误高为低。

④ 目测过高，急于将飞机拉平。

⑤ 拉开始高度过高，仍按正常拉开始动作带杆。

⑥ 收油门和带杆动作不协调，先带杆后收油门或带杆动作粗猛。

修正方法如下。

① 在拉开始过程中，如果发现有拉平高的趋势，适当减慢或停止带杆，以确保飞机仍在 1 m 高度上拉平。

② 在拉平高度接近 2 m 且速度较小时，应保持驾驶盘，并稍加油门，待飞机下沉 1 m 后，再根据飞机的高度、姿态和下沉速度相应地带杆并收完油门，使飞机在 0.25～0.15 m 的高度上拉成两点姿态接地。

③ 在拉平高度超过 2 m，未能及时修正时，应立即复飞。

2. 拉平低

飞机结束拉平时的高度低于 0.75 m 叫作拉平低。

主要原因如下。

① 拉开始高度低，仍按正常动作带杆。

② 拉开始前飞机下滑角增大，仍按正常高度拉开始。

③ 速度小，下沉快，带杆动作慢。

④ 视线看得过远，判断高度不准，误低为高。

⑤ 收油门与带杆动作不协调，收油门过早或动作粗猛，飞机下沉快，带杆不及时。

修正方法如下。

① 在拉平过程中，发现有拉平低的趋势时，应特别注意看好地面，适当快一些带杆，使飞机仍在 1 m 高度上拉平。由于这时带杆动作较快，应防止并及时修正飞机在刚结束拉平时飘起。

② 在发现拉平低时，带杆动作应比正常情况下快一些，在不使飞机飘起的前提下，使飞机在接地前拉成两点姿态，避免飞机重着陆。

3. 拉飘

在着陆过程中，飞机向上飘起的现象叫作拉飘，如图 3-27 所示。

主要原因如下。

① 拉平低时，粗猛地带杆。

② 飞机下沉快时，过量带杆。

③ 速度大、油门未收完，带杆动作不当。

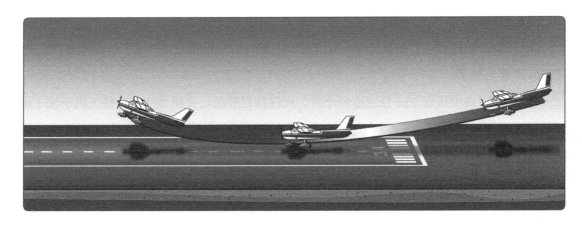

图 3-27　拉飘

修正方法如下。

① 在着陆过程中，发现飞机飘起时，应稳杆制止飞机继续上飘，并注意将油门收完，飘起后飞机减速快，根据飞机的高度、姿态和下沉速度带杆，使飞机在正常高度上呈两点姿态接地。

② 当飞机飘起 2 m 以上时，应看好地面立即复飞。

4. 跳跃

飞机接地时跳离地面的现象叫作跳跃，如图 3-28 所示。

图 3-28　跳跃

主要原因如下。

① 在飞机着陆过程中未及时带杆，飞机带俯角前轮撞地。

② 在飞机拉飘后，稳杆修正过量。

③ 视线离开地面，只注意方向，未注意带杆。

④ 在接地瞬间，过量带杆。

修正方法如下。

① 发现飞机跳跃有超过 1 m 的趋势时，应及时稳杆，制止飞机上飘，防止仰角过大或带坡度；待飞机下沉时，及时、适量地带杆，使飞机在 0.25～0.15 m 高度上呈两点姿态接地。

② 当跳跃高度在 1 m 以下时，应稳定住驾驶盘，待飞机下沉时，及时带杆，使飞机呈两点姿态接地。

③ 当跳跃高度在 2 m 以上时，应看好地面立即复飞。

5. 带交叉或带偏侧接地

接地时，若飞机纵轴方向与跑道方向不一致，则说明带交叉；若飞机运动方向与飞机纵轴方向不一致，则说明带偏侧。

主要原因如下。

① 盘舵不协调。

② 侧风修正不当。

飞机带交叉，多是因为用舵量不当；飞机带偏侧，多是因为带坡度和侧风修正不适当。

修正方法如下。

① 在拉开始时，若飞机不在跑道中间，则在进行拉开始的同时向跑道中心线方向稍压盘，并且向与压盘方向相反的方向稍蹬舵（蹬反舵），使飞机不带交叉，待飞机接近跑道中线时，迅速回盘回舵，使飞机对正跑道。

② 若飞机位置正常，只是方向有些交叉，则可在带杆的同时稍蹬反舵，并不使飞机带坡度，迅速操纵飞机对正跑道。

③ 当运动方向与跑道方向一致，飞机纵轴与跑道交叉时，应向运动方向稍蹬舵，使飞机纵轴方向与跑道方向一致，同时稍向反方向压盘，防止飞机带坡度，待消除侧滑后，及时回盘回舵。

④ 当飞机纵轴与跑道平行，而运动方向偏向跑道一侧时，应向侧滑的反方向压盘，制止飞机继续侧滑，同时稍蹬反舵，保持纵轴与跑道方向一致，待消除侧滑后，及时回盘回舵。

⑤ 当飞机纵轴与跑道交叉，同时运动方向与跑道方向不一致时（如左交叉向右侧或右交叉向左侧），应向侧滑反方向压盘制止偏侧，同时稍微蹬舵使飞机纵轴与跑道方向一致，待消除偏侧后，及时回盘回舵，在带偏侧接地瞬间，应特别注意保持方向。

修正着陆偏差的注意事项如下。

① 在任何情况下，视线不准离开地面。

② 在修正偏差时，必须把飞机状态、AGL、运动趋势三者结合起来。

③ 在飞机产生坡度时，应盘舵协调地及时修正，防止飞机带较大坡度接地。

④ 在修正偏差时，应按先制止、后修正的原则进行，切忌动作粗猛，以免造成更大偏差。

第四章

私照飞行科目

私照飞行阶段是学员学习飞行的基础阶段，其主要训练内容有空域飞行训练和起落航线训练，设置这些训练内容的目的在于训练学员基本驾驶技术、目视飞行能力、飞机状态转换能力和基本注意力分配方法。本章将就私照飞行科目涉及的内容进行详细讲解。

第一节　无线电陆空通话

一、管制的分类

（1）ATIS

ATIS 是一种在特定 VHF 上的连续播放的信息服务，它向飞行员提供机场运行的必要信息。飞行员在与空中交通管制员建立无线电联系之前要接收 ATIS，并在首次与空中交通管制员联系时报告已收到相应通播及识别代码。

（2）放行

在一般情况下，较大的机场地面还专门设置了放行频率。在飞行员初次利用放行频率进行联系时，空中交通管制员将根据其申请的飞行计划给予该次飞行放行许可。

（3）地面管制

在飞行员获得放行许可后，空中交通管制员将指挥飞行员利用另一个频率申请开车和滑行。该频率通常是地面频率，地面频率主要提供地面航空器滑行指令和其他航空器避让指令。

（4）塔台管制

飞机滑行到指定的起飞跑道附近，空中交通管制员利用地面频率适时指挥飞机转至塔台频率。塔台频率控制的区域主要是一边和五边的一定高度，或者一定高度的扇区。飞机常利用塔台频率申请进跑道和起飞许可，在最后进近过程中获得着陆许可。

（5）进近或离场管制

飞机起飞后在塔台指令下联系其他频率，一般是进近频率或离场频率，该频率将由塔台指定或在航行资料中注明。在该频率下飞行员将驾驶飞机爬升至航线或走廊高度，并建立加入航线的航迹；在下降过程中将获得各阶段下降的许可高度和航迹引导。

（6）区域管制

空中交通管制员利用进近或离场频率在一定高度上指挥飞行员联系新的区域管制频率，飞行员将驾驶飞机在区域管制下沿航线上升或保持航线高度，在航线飞行过程中进入各区域时需要按各区域给定的频率保持和该区域的联系。

进近时的顺序和离场时的顺序相反，先由区域管制到进近管制、塔台管制，然后到地面管制。通常保持地面频率直至飞机关车。

应急频率：为121.5 MHz，所有管制都有专门设备和人员收听应急频率，飞行员在空中任何时候都应该保持一部通信接收机收听应急频率，以防止在区域交接或其他转换频率的情况下失去和所属区域的联系。

服务频率：有些机场或航空公司在地面设有专门的服务频率，提供如商务、货运、配餐、加油、情报等服务。

虽然地面频率和空中频率由空中交通管制员分配，但飞行员应该对所属被指挥区域保持情境意识。

二、无线电通信基本原则

在建立联系前应正确地检查设备，包括确保接收机音量合适；坚持先听后说的规则，待其他通信结束后再开始通信；使用标准词语和短语，在说话前要考虑清楚，使用正常的语音、语调和语速进行通话，用简短精确的语言表达希望传达的信息，表达要清晰明了，以免长时间占用通信波段。禁止使用非标准语言，保持麦克风接近嘴巴，直接对麦克风讲话，按下发送按钮并保持，直至讲话完毕并发送结束再松开。

每一次在联系空中交通管制员时，都应该报告航空器的完整呼号，直至空中交通管制员使用航空器的呼号简称。

管制单位的名字，如东营塔台、青岛地面、济南进近等，仅要求在初次建立联系时使用。

飞行员应准确地复诵空中交通管制员的所有指令，先复诵指令内容，然后加上自己的呼号。对于以下收到的信息在回答时要逐字重复：空中交通管理许可、涉及航空器移动的指令、转换接收机模式和代码的指令、变换设置气压值、转换频率时的频率值、指定使用的跑道等。

在现代飞行中，雷达管制根据所飞区域不同，其指挥涉及区域、塔台和地面。在飞行员和空中交通管制员首次建立联系时，空中交通管制员将会告知飞行员雷达已识别。

三、基本无线电通话用语

1. 地面无线电通话用语

（1）申请放行许可

① 空域。

航空器：XX 塔台，7940，217 空域，申请放行许可。

塔台：7940，217 空域同意，跑道 13，起飞后一边 DME 2.0，左转直飞 XX，起始高度 1200 m，应答机编码 7001，进近频率 XXX.XX。

航空器：跑道 13，起飞后一边 DME 2.0，左转直飞 XX，起始高度 1200 m，应答机编码 7001，进近频率 XXX.XX，7940。

② 本场。

航空器：XX 塔台，7940，本场修正角程序，申请放行许可。

塔台：7940，跑道 13，起飞后保持一边听指挥右转加入修正角程序，起始高度 1200 m，应答机编码 7001，进近频率 XXX.XX。

航空器：跑道 13，起飞后保持一边听指挥右转加入修正角程序，起始高度 1200 m，应答机编码 7001，进近频率 XXX.XX，7940。

③ 航线。

航空器：XX 塔台，7940，目的地 XX，申请放行许可。

塔台：7940，可以按计划航线去 XX，跑道 13，XX03D 离场，起始高度 1500 m，应答机编码 7001，进近频率 XXX.XX。

航空器：可以按计划航线去 XX，跑道 13，XX03D 离场，起始高度 1500 m，应答机编码 7001，进近频率 XXX.XX。

（2）发动机启动前

航空器：XX 塔台，7940，机库，准备好开车。

塔台：7940，可以开车，温度 28，修正海压 1009。

航空器：可以开车，修正海压 1009，7940。

（3）滑行前

航空器：XX 塔台，7940，机库，准备好滑行。

塔台：7940，使用跑道 13 号，可以滑行，沿 A、B、13 跑道等待点报告。

航空器：使用跑道 13，可以滑行，沿 A、B、13 号跑道等待点报告，7940。

（4）跑道等待点

航空器：XX 塔台，7940，13 跑道等待点，准备好进跑道。

塔台：7940，五边飞机着陆后可以进跑道。

航空器：看到飞机，着陆后可以进跑道，7940。

（5）航空器进入跑道准备起飞

航空器：XX 塔台，7940，准备好起飞。

塔台：7940，可以起飞，地面风 06002。

航空器：可以起飞，7940。

（6）着陆后

塔台：7940，前方道口脱离。

航空器：明白，7940。

（7）脱离跑道后

塔台：7940，沿 A 滑行道滑行至机库，见地面指挥报告。

航空器：沿 A 滑行道滑行至机库，7940。

（8）关车前

航空器：XX 塔台，7940，停机位关车再见。

塔台：7940，再见。

航空器：再见，7940。

2. 离场阶段无线电通话用语

（1）起飞后

① 起落航线。

塔台：7940，跑道南头可以左转，三转弯报告。

航空器：跑道南头可以左转，7940。

② 本场仪表进近。

塔台：7940，沿一边上升 900 m 保持，联系进近 XXX.XX，再见。

航空器：沿一边上升 900 m 保持，进近 XXX.XX，再见，7940。

航空器：进近，7940，修正角一边 700 上升。

进近：7940，一边 DME 2.2 右转，上升高度 1200 m 保持过 XX 台报告。

航空器：一边 DME 2.2 右转，上升高度 1200 m 保持过 XX 台报告，7940。

③ 空域。

塔台：7940，起飞时间 12 分，联系进近 XXX.XX，再见。

航空器：进近 XXX.XX，再见，7940。

航空器：进近，7940，217 空域一边 700 上升。

进近：7940，一边 DME 1.8 左转，上升高度 1200 m 保持 8 n mile 后上升 1800 m 保持进空域报告。

航空器：一边 DME 1.8 左转，上升高度 1200 m 保持 8 n mile 后上升 1800 m 保持进空域报告，7940。

④ 航线。

塔台：7940，起飞时间 12 分，联系进近 XXX.XX，再见。

航空器：进近 XXX.XX，再见，7940。

航空器：进近，7940，转场 XX，一边 700 上升。

进近：7940，XX03D 离场，上升航线高度 1800 m 报告。

航空器：XX03D 离场，1800 m 报告，7940。

（2）进入空域后

航空器：进近，7940，高度 1800 m 保持进 217 空域，开始科目。

进近：7940，空域活动高度 1800 m 至 2100 m，报告。

航空器：空域活动高度 1800 m 至 2100 m，7940。

3．进场/进近阶段无线电用语

（1）本场仪表进近

航空器：进近，7940 高度 1200 m 过 XX 台。

进近：7940，可以下降，程序转弯报告。

航空器：下降，程序转弯报告，7940。

（2）空域进场

航空器：进近，7940 高度 1800 m，217 空域活动结束，请求加入目视进近。

进近：7940，可以加入目视，XX 上空盘旋下降 900 m，联系塔台再见。

航空器：下降 900 m，联系塔台再见，7940。

（3）起落航线

航空器：XX 塔台，7940 三转弯着陆。

塔台：7940，可以着陆，地面风 04002。

航空器：可以着陆，7940。

4．询问地面风

航空器：XX 塔台，7940，请问地面风。

塔台：地面风 06003。

航空器：06003，7940。

第二节　小速度飞行

小速度飞行科目训练培养的是学员在不同构型下进行小速度飞行时，识别飞机改变飞行特征和操纵效率的能力。该科目要求学员能够在小速度飞行过程中柔和、协调、准确地完成平直飞行、转弯、爬升、下降等机动操纵。

（1）光洁构型下的小速度飞行

光洁构型即飞行过程中襟翼为全收上状态，学员应在此构型下完成小速度飞行相关程序并符合训练要求。

具体操作程序如下。

① 选择一个合适的进入小速度飞行的高度，使改出时的高度不低于真高 1500 ft（约为460 m）。

② 完成机动飞行前检查单。

③ 完成目视防撞转弯。

④ 稳定飞机，保持航向、高度和速度。

⑤ 减小发动机转速到 1200 RPM，柔和地增加俯仰姿态，在速度减小的过程中保持高度。

⑥ 当速度接近空中最小操纵速度（V_{S1}=44 KNOTS）时，调整至平飞转速（约为 1900 RPM）。在飞机俯仰姿态、坡度和油门的操纵方面要避免动作粗猛。

⑦ 保持空中最小操纵速度，完成平飞、转弯、爬升和下降，并尝试不同坡度的机动操纵（坡度小于 30°），在这个过程中调整俯仰姿态和油门，防止发生失速。

⑧ 改出时，柔和地增加到满油门，调整姿态，随着速度的增加保持高度。

⑨ 恢复正常飞行状态。

（2）着陆构型下的小速度飞行

着陆构型即飞行过程中襟翼为全放出状态，学员应在此构型下完成小速度飞行相关程序并符合训练要求。

具体操作程序如下。

① 选择一个合适的进入小速度飞行的高度，使改出时的高度不低于真高 1500 ft（约为 460 m）。

② 完成机动飞行前检查单。

③ 完成目视防撞转弯。

④ 稳定飞机，保持航向、高度和速度。

⑤ 减小发动机转速到 1500 RPM。

⑥ 柔和地增加俯仰姿态，在速度减小的过程中保持高度。

⑦ 随着速度减小到襟翼操纵范围，依照 10° 间隔的程序放出襟翼。若有操纵杆力，则重新配平飞机。

⑧ 当速度接近空中最小操纵速度（V_{S0}=33 KNOTS）时，将发动机转速调整至平飞转速（约为 2100 RPM）。在俯仰姿态、坡度和油门的操纵方面要避免动作粗猛。

⑨ 继续减速到空中最小操纵速度。

⑩ 保持空中最小操纵速度，完成平飞、转弯、爬升和下降，并尝试不同坡度（坡度小于 30°）的机动操纵，在这个过程中调整俯仰姿态和油门，防止发生失速。

⑪ 改出时，柔和地增加到满油门，调整姿态，保持高度。设置襟翼为 20°，随着速度的增加，调整姿态，保持高度。

⑫ 随着速度的增加设置襟翼到 10°。

⑬ 速度高于 60 KNOTS 时收襟翼。

⑭ 恢复到正常飞行状态。

第三节　失速

失速是指飞机迎角超过临界迎角，不能保持正常飞行的现象。随着迎角的增加，上翼面气流分离现象逐渐发展严重，当迎角超过临界迎角后，上翼面将产生强烈的气流分离，升力系数与迎角的关系如图4-1所示。

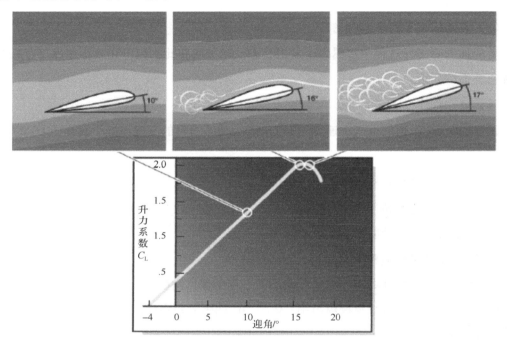

图4-1　升力系数与迎角的关系

在飞机失速后，不仅飞机会产生气动抖动，由于升力的大量丧失和阻力的急剧增大，飞行员还会感到飞行速度迅速降低、飞机下降、机头下沉等。

失速一般分为无功率失速、带功率失速、水平失速、转弯失速等几种类型。无功率失速与进近状态有关，带功率失速与起飞、离地、爬升状态有关，水平失速和转弯失速用于描述飞机开始失速时的飞行姿态。

失速科目训练的目标是使学员能识别飞机接近/完全失速，并培养其快速、积极地保持协调飞行且保持高度损失最小的能力。要求学员在平直飞行和转弯过程中，可以在不同的襟翼设置条件下完成失速科目，并应当强调柔和性、协调性及精确性。

一、无功率失速

1. 光洁构型无功率失速

无功率失速及改出如图 4-2 所示。

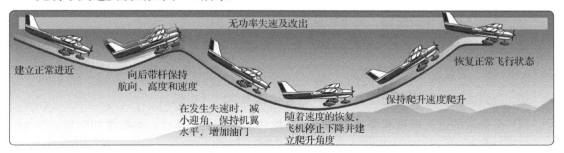

图 4-2　无功率失速及改出

具体操作程序如下。

① 选择一个合适的进入无功率失速的高度，使改出时的高度不低于真高 1500 ft（约为 460 m）。

② 完成机动飞行前检查单。

③ 完成目视防撞转弯。

④ 稳定飞机，保持航向、高度和速度。

⑤ 减小发动机转速到 1200 RPM，柔和地增加俯仰姿态，在速度减小到正常的进近速度（65 KNOTS）的过程中保持高度。

⑥ 当速度接近 65 KNOTS 时，建立正常的进近姿态，并开始进近下降。

⑦ 在正常的进近速度和姿态的基础上，拉动油门杆到慢车位，不断增加俯仰角。

⑧ 若飞机处于转弯飞行状态，则坡度不应大于 30°，且指定坡度误差为+0°/−10°。

⑨ 当出现以下情况时，应宣布发生失速，并开始改出。

● 开始失速：抖震和操纵效率降低。

● 完全失速：操纵效率突然丧失，下降速度增加，或者飞机突然低头。

⑩ 为了改出失速，应当立即减小迎角并改平机翼，必要时向前推油门杆。

⑪ 设置爬升角度，建立 V_x（陡升速度）或 V_y（快升速度）的俯仰姿态。

⑫ 恢复到正常飞行状态。

2. 着陆构型无功率失速

具体操作程序如下。

① 选择一个合适的进入无功率失速的高度，使改出时的高度不低于真高 1500 ft（约为 460 m）。

② 完成机动飞行前检查单。

③ 完成目视防撞转弯。

④ 稳定飞机，保持航向、高度和速度。

⑤ 减小发动机转速到 1500 RPM，柔和地增加姿态，在速度减到正常的进近速度（65 KNOTS）的过程中保持高度。

⑥ 当到达操纵襟翼的速度范围后，设置襟翼为 30°（白弧）。

⑦ 在正常的进近速度和姿态的基础上，拉动油门杆到慢车位，不断增加仰角。若飞机处于转弯飞行状态，则坡度不应大于 30°，且指定坡度误差为+0°/–10°。

⑧ 当出现以下情况时，应宣布发生失速，并开始改出。

● 开始失速：抖震和操纵效率降低。

● 完全失速：操纵效率突然丧失，下降速度增加，或者飞机突然低头。

⑨ 为了改出失速，应当立即减小迎角并改平机翼，必要时向前推油门杆。

⑩ 设置襟翼为 20°。

⑪ 设置爬升角度，建立 V_x 或 V_y 的俯仰姿态。

⑫ 设置襟翼为 10°，并建立正上升速度。

⑬ 当速度高于 60 KNOTS 时，根据检查员的要求，恢复高度、航向和速度。

⑭ 恢复到正常飞行状态。

二、带功率失速

1. 光洁构型带功率失速

带功率失速及改出如图 4-3 所示。

图 4-3　带功率失速及改出

具体操作程序如下。

① 选择一个合适的进入带功率失速的高度，使改出时的高度不低于真高 1500 ft（约为 460 m）。

② 完成机动飞行前检查单。

③ 完成目视防撞转弯。

④ 稳定飞机，保持航向、高度和速度。

⑤ 减小发动机转速到 1200 RPM，柔和地增加俯仰姿态，在速度减到正常的抬前轮速度（约为 55 KIAS）的过程中保持高度。

⑥ 当速度接近 55 KIAS 时，柔和地增加至满油门，同时增加仰角。

⑦ 当出现以下情况时，应宣布发生失速，并开始改出。

● 开始失速：抖震和操纵效率降低。

● 完全失速：操纵效率突然丧失，下降速度增加，或者飞机突然低头。

⑧ 为了改出失速，应当立即减小迎角并改平机翼，若适用，则应建立爬升角度，减小高度损失，并建立正上升速度。

⑨ 当建立了正上升速度时，增速至 V_x 或 V_y 或指定速度。

⑩ 恢复到正常飞行状态。

2. 特定构型带功率失速

具体操作程序如下。

① 选择一个合适的进入带功率失速的高度，使改出时的高度不低于真高 1500 ft（约为 460 m）。

② 完成机动飞行前检查单。

③ 完成目视防撞转弯。

④ 稳定飞机，保持航向、高度和速度。

⑤ 减小发动机转速到 1500 RPM，柔和地增加俯仰姿态，在速度减到正常的抬前轮速度（约为 55 KIAS）的过程中保持高度。

⑥ 当到达操纵襟翼的速度范围后，设置襟翼为 10°（白弧）。

⑦ 在接近 55 KIAS 时，柔和地增加至满油门，同时增加仰角。

⑧ 当出现以下情况时，应宣布发生失速，并开始改出。

● 开始失速：抖震和操纵效率降低。

● 完全失速：操纵效率突然丧失，下降速度增加，或者飞机突然低头。

⑨ 为了改出失速，应当立即减小迎角并改平机翼，若适用，则应建立爬升角度，减小高度损失，并建立正上升速度。

⑩ 当建立了正上升速度时，增速至 V_x 或 V_y 或指定速度。

⑪ 当速度达到 60 KNOTS 或以上时，收襟翼。

⑫ 恢复正常飞行状态。

第四节　大坡度盘旋

盘旋是飞机在水平面内做的一种机动飞行。通常盘旋是指飞机连续转弯不小于 360° 的飞行。按坡度可以把盘旋分为如下三种。

- 小坡度盘旋：坡度小于 20°。
- 中坡度盘旋：坡度为 20°～45°。
- 大坡度盘旋：坡度大于或等于 45°。

正常盘旋是指飞机不带侧滑，飞行高度、坡度、盘旋半径等参数均不随时间改变。私照飞行阶段要求大坡度盘旋的坡度至少为 45°。

一、盘旋的操纵原理

1. 进入盘旋阶段的操纵原理

加油门并适当稳杆，以增大飞行速度。当速度增大至规定值时，手脚一致地向盘旋方向压盘、蹬舵。压盘是为了使飞机带坡度，将升力水平分力作为向心力，使飞机做曲线运动。蹬舵是为了使飞机绕立轴偏转，避免产生侧滑。在压盘的同时，需要向后带杆以增大升力，保持升力垂直分力不变。飞机快到预定坡度时，应及时提前回盘，使飞机稳定在预定坡度。回盘应至中立或过中立位置，同时相应回舵，以保持无侧滑。

总结如下。

① 加油门、稳杆，增大飞行速度至规定值。

② 手脚一致地向盘旋方向压盘、蹬舵，同时向后带杆增大升力以保持高度。

③ 在达到预定坡度前，回盘、回舵。

2. 盘旋稳定阶段的操纵原理

在盘旋稳定阶段，需要飞行员及时发现和修正各种偏差。

（1）保持高度

在保持坡度的前提下，正确地使用驾驶盘保持高度。

（2）保持速度

在保持坡度与高度的前提下，正确地使用驾驶盘和油门保持速度。

（3）随时消除侧滑

保持盘舵协调，使飞机不带侧滑。

（4）盘旋中的盘/舵量

盘量：在盘旋时，两翼相对气流速度不同，外翼升力大于内翼升力，需要反方向压盘。在小坡度盘旋时，盘一般在中立位置；在大坡度盘旋时，反方向压盘的量增大，以保持坡度为准。

舵量：在盘旋时，飞机绕立轴转动，产生与盘旋方向相反的阻尼力矩；同时两侧机翼阻力差产生与盘旋方向同向的反偏转力矩，需要蹬舵修正。

（5）合理分配注意力

以姿态指示器为中心，交叉扫视其他仪表。

（6）坐姿正确

要保持正确坐姿。

总结如下。

用驾驶盘保持坡度和高度，用方向舵保持飞机不带侧滑，用油门保持速度。驾驶盘、方向舵、油门三者的正确配合是做好盘旋的关键。

3．盘旋改出阶段的操纵原理

向和盘旋方向相反的方向压盘，减小飞机坡度，同时向和盘旋方向相反的方向蹬舵，逐渐制止飞机偏转；飞机坡度减小，升力垂直方向的分力逐渐增大，需要逐渐向前稳杆，以保持高度，同时柔和地收油门，保持速度不变。当飞机接近平飞状态时，将驾驶盘和方向舵回到中立位置。

总结如下。

① 保证一定的提前量，向和盘旋方向相反的方向手脚一致地压盘、蹬舵，逐渐减小飞机坡度，并防止侧滑。

② 随着坡度的减小，向前稳杆并收小油门，在飞机接近平飞状态时，将驾驶盘和方向舵回到中立位置，保持平飞。

二、大坡度盘旋相关操作程序及要求

执行大坡度盘旋操作，培养学员操纵的柔和性、协调性、注意力分配能力，以及操纵技术。

1. 具体标准

① 具备与大坡度盘旋相关的必要知识。

② 以制造厂家推荐的空速为准。如果厂家未给出，飞行教员可指定一个不大于机动速度的安全空速。

③ 进入一个协调的 360° 盘旋，坡度至少保持 45°（私照）。

④ 按飞行教员要求，进行反向 360° 盘旋。

⑤ 在操纵飞机和保持方位之间做好注意力分配。

⑥ 高度误差保持在±100 ft（约为 30 m）范围以内，空速误差保持在±10 KNOTS 范围以内，坡度误差保持在±5° 范围以内，航向误差保持在±10° 范围以内。

2. 具体操作程序

① 选择一个合适的进入大坡度盘旋的高度，使改出时的高度不低于真高 1500 ft（约为 460 m）。

② 完成机动飞行前检查单。

③ 完成目视防撞转弯。

④ 保持 V_A 或 95 KNOTS（以较小的为准）的速度平直飞行。在平直飞行时发动机转速约为 2000 RPM。选择合适的航向/参照点。

⑤ 柔和地增加坡度进入转弯，坡度为 45°（私照）。

⑥ 随着坡度增加，稳杆，保持高度，并适当增加油门，保持速度。

⑦ 转弯过程中保持恒定的坡度、高度和速度。

⑧ 改出：

a. 在期望的航向/参考点前，柔和地改平坡度，保持平直飞行。

b. 释放在转弯过程中为了保持高度而施加的带杆力。

c. 减小到进入大坡度盘旋前的油门。

⑨ 证实空域无冲突后，立即做一个与上一次转弯操作方向相反的 360° 转弯。

⑩ 完成第二个转弯后，回到平直巡航飞行状态。

第五节　起落航线

起落航线飞行是学习飞行的基础科目，它集中了各种基本飞行动作，如起飞、爬升、转弯、平飞、下滑、着陆等。学员沿固定的起落航线练习飞行，有利于学员在进近时提前建立稳定的进近条件，这是随后安全、准确着陆的前提。

一、目视飞行规则

按照驾驶术和领航术，可以把飞行分为两大类：目视飞行和仪表飞行。两种不同类型的飞行分别有相应的飞行规则：目视飞行规则和仪表飞行规则（Instrument Flight Rules，IFR）。

1. 目视飞行及其适用范围

（1）目视飞行的定义

目视飞行是在可见天地线和地标的条件下，能够判明航空器的飞行状态和目视判定方位的飞行。

（2）实施目视飞行的条件

在一般情况下，只有在昼间、飞行高度低于 6000 m、巡航表速小于 250 km/h 的航空器在云下飞行，低云量不超过 3/8，并且符合规定的目视气象条件（Visual Meteorological Condition，VMC）时，方可按照目视飞行的最低安全间隔和高度的规定飞行。

（3）目视飞行适用范围

① 起落航线飞行。

② 昼间，飞行高度低于 6000 m。

③ 巡航表速不大于 250 km/h 的飞行。

④ 通用航空在作业区的飞行。

⑤ 为了执行通用航空任务而调机到临时机场的飞行。

⑥ 在特定目视航线上的飞行。

2. 目视气象条件的规定

① 航空器与云的水平距离不得小于 1500 m，垂直距离不得小于 300 m。

② 飞行高度为 3000 m（含）以上时，能见度不得小于 8 km，如图 4-4 所示。

③ 飞行高度为 3000 m 以下时，能见度不得小于 5 km，如图 4-5 所示。

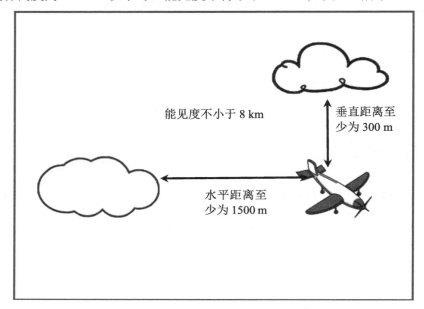

图 4-4　飞行高度 3000 m（含）以上

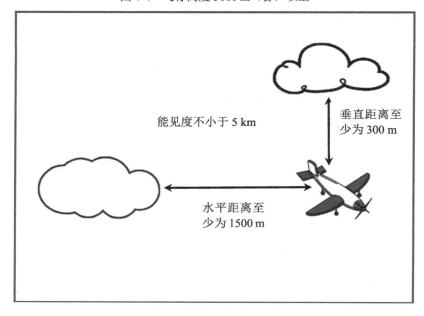

图 4-5　飞行高度 3000 m 以下

二、起落航线程序

起落航线有矩形起落航线和小起落航线两种，以起飞方向为准，起飞后向左转弯的航线叫作左起落航线，起飞后向右转弯的航线叫作右起落航线。由于矩形起落航线（见图4-6）使用最为普遍，在此着重对矩形起落航线程序进行介绍。

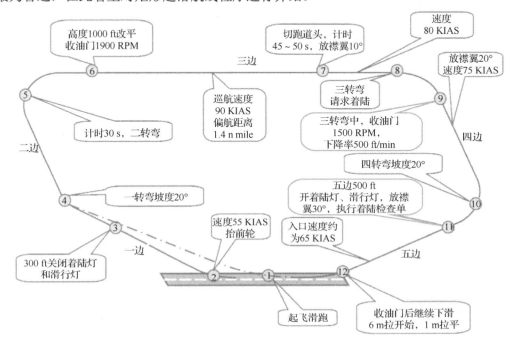

图 4-6　矩形起落航线

矩形起落航线包含五条边、四个转弯。

具体程序如下。

① 确保跑道前方无干扰，松刹车，4～6 s 柔和地加满油门，飞机开始加速滑跑，控制飞机滑跑方向。

② 当空速表指示为 55 KIAS 时，柔和地向后带杆，并保持飞机一边航迹，保持 V_y 或 V_x 恒速爬升。

③ 当高度到达离地 300 ft 时，执行起飞后项目，即关闭着陆灯和滑行灯。

④ 听 ATC 指令或在到达一转弯高度或距离时，执行 20° 坡度转弯。

⑤ 二边飞行计时 30 s，执行二转弯。

⑥ 当高度到达离地 1000 ft 时改平，收油门至 1900 RPM，速度为 90 KIAS，XTK（偏航距离）为 1.4 n mile。

⑦ 当飞机正切跑道头时，放襟翼 10°，同时开始计时 40～50 s。

⑧ 计时 40～50 s 后，执行三转弯并请求着陆。

⑨ 三转弯改出，收油门至发动机转速 1500 RPM，放襟翼 20°，保持 500 ft/min 下降速度，以 75 KIAS 速度恒速下降。

⑩ 看好时机执行四转弯操作，四转弯坡度为 20°。

⑪ 四转弯改出，离地 500 ft，打开着陆灯、滑行灯，放襟翼 30°，执行着陆检查单。

⑫ 入口空速约为 65 KIAS，6 m 拉开始，1 m 拉平，同时柔和地收光油门。

第五章

仪表飞行科目

仪表飞行是完全或部分地按照航行驾驶仪表，判断航空器飞行状态及其位置的飞行。

（1）仪表飞行的条件

在下列条件下，必须按照仪表飞行规则的规定飞行。

① 仪表气象条件（Instrument Meteorological Condition，IMC）（低于目视气象条件）。

② 云层、云上目视气象条件。

③ 夜间飞行。

④ 高度在 6000 m 以上的飞行。

（2）仪表飞行的要求

执行仪表飞行的航空器必须具有姿态指示、高度指示、位置判断和时钟等设备。机长必须具有仪表飞行等级的有效驾驶执照。

因此，仪表飞行训练对于学员今后执行低于目视气象条件的飞行是至关重要的。前面介绍了飞行的基本驾驶技能、操纵方法和私照相关科目，本章将对仪表飞行涉及的基本无线电领航飞行方法、等待程序、精密进近程序、非精密进近程序进行详细讲解，并对目视盘旋进近程序、CDFA、PBN 仪表飞行进行基本介绍。

第一节　基本无线电领航飞行方法

无线电领航利用机载无线电导航设备接收和处理无线电波，从而获得导航参量，确定飞机位置及飞往预定点的航向、时间，引导飞机沿选定航线安全、经济地完成规定的飞行任务。在现代航空中，基本的、核心的领航方法就是无线电领航，它具有很多优点：不受时间、天气限制；精度高；定位时间短，可以连续地、适时地定位；设备简单、可靠。

常用的地面无线电导航系统如图 5-1 所示。

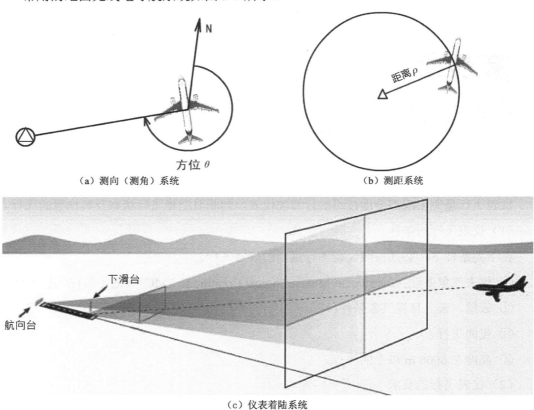

（a）测向（测角）系统 　　　　　　　　（b）测距系统

（c）仪表着陆系统

图 5-1　常用的地面无线电导航系统

① 测向（测角）系统，如图 5-1（a）所示：位置线为直线，如 NDB、甚高频全向信标（VHF Omnidirectional Range，VOR）。

② 测距系统，如图 5-1（b）所示：位置线为圆形，如测距机（Distance Measuring Equipment，DME）。

③ 仪表着陆系统（Instrument Landing System，ILS），如图 5-1（c）所示：为航空器提供航向道和下滑道的引导。

一、切入并保持方位线、径向线

该飞行科目的目的在于培养学员利用 VOR 和 NDB 进行定向，切入并保持 VOR 径向线和 NDB 方位线的能力，以及相关操作技能。对学员提出的具体要求如下。

① 掌握有关切入并保持某个导航设施的方位线、径向线的操纵方法和相关的必要知识。

② 能调谐并正确识别导航设施。

③ 能在导航选择器上设置并正确切入指定的方位线、径向线，或者在无线电磁指示器上正确识读方位线、径向线。

④ 能以预定角度切入指定的某个导航设施的向台或背台方位线、径向线。

⑤ 能在空速误差 10 KNOTS 以内，高度误差 100 ft（约 30 m）以内，保持所选航向的误差在 5° 以内。

⑥ 能实施正确的修正动作，以保持方位线、径向线，偏差不超过航道偏离指示器满刻度的 3/4，无线电磁指示器误差不超过 10°。

⑦ 能确定飞机与某个导航设施的相对位置，或者相对某个航路点的相对位置（在使用 GPS 导航时）。

⑧ 能识别导航接收机或设施的故障，并在必要时将故障情况报告给管制部门。

具体操作程序如下。

（1）VOR 径向线

① 将 OBS 设置到入航/出航航迹（如 180° R 出航，设置 180° FROM；180° R 入航，设置 180° TO）。

② 飞行员应考虑距设施的距离、当前航迹到新航迹的距离、风向、风速等，确定起始切入角度。

③ 参照航道偏离指示器进行偏离，确定切入航向，同时摆出切入入航/出航航迹的切入角（如 180° R 出航，航道偏离指示器显示偏右，切入角 30°，切入航向 210°）。

④ 注意当前航向和切入航向。转向最近的切入航向，建立并保持切入航向。

⑤ 确定切入的质量。如果航道偏离指示器没有显示出正逐渐靠近预计航迹，那么应进行以下操作。

a. 证实已建立切入航向。

b. 证实相对于预计航迹的位置。

c. 若可以，则应选择并建立新的切入航向，增加切入角。

注意： 最大切入角为 90°。

⑥ 根据航道偏离指示器显示的信息，逐渐靠近中心位置，开始转向建立入航/出航航迹的航向，这样才能在建立航迹的过程中不错过预计航迹。

⑦ 在建立好航迹后，保持合适的航向，追踪好入航/出航航迹。

⑧ 监控航道偏离指示器，如果航道偏离指示器显示偏左或偏右，就建立一个20°的切入角，转向合适的切入航向，重新切入原航迹。

⑨ 当航道偏离指示器指针重新靠近中心位置时，切入角减小一半，并保持新的航向（参考航向），从而保持航迹。

⑩ 不断重复航迹切入，直到建立了某个能够补偿偏流影响的航迹。

（2）NDB方位

① 通过将航向转向要切入的方位角，来确定飞机相对于导航台的位置。

注意： 随着经验的积累，学员应该能够按照此方法目视判断出当前位置相对于导航台的方位。

例如，当前位置：向台90°方位；切入方位：60°方位线；飞机位置：在NDB以西；预计航迹（60°方位线）以北。

② 不论导航台在飞机的左侧还是右侧，都应该能确定相对方位指示器的指针从零位偏转的角度，并以此角度两倍的角度切入。

注意： 飞行员应当考虑距设施的距离、当前航迹到新航迹的距离、风向、风速等，确定起始切入角度。

③ 确定切入航向。

例如，当前位置：向台90°方位；切入方位：60°向台；切入角：60°向右；切入航向：120°。

④ 注意当前航向和切入航向。转向最近的切入航向，建立并保持切入航向。

⑤ 确定切入的质量。如果相对方位指示器没有显示出正逐渐靠近预计航迹，那么应进行以下操纵。

a. 证实已建立切入航向。

b. 证实相对于预计航迹的位置。

c. 若可以，则应选择并建立新的切入航向，增加切入角。

注意： 最大切入角为90°。

⑥ 由于相对方位指示器上的偏离角与切入角相同，因此要转向建立入航/出航航迹的航向，这样才能在建立航迹的过程中不错过预计航迹。

⑦ 在建立好航迹后，保持合适的航向，追踪好入航/出航航迹。

⑧ 监控飞机航向和相对方位指示器。如果相对方位指示器指针左右偏转，那么在重新

开始航迹切入之前，应检查飞机航向。

注意：小于 5° 的偏离，不要修正；若偏离为 5°～10°，则应使用偏离方向的 20° 进行修正。如果偏离大于 10°，参照①～⑥进行修正。

⑨　如果相对方位指示器的指示与预计航迹偏离的航迹为 20°，则向着航迹转 10°，此时是带着 10° 偏流角向导航台飞行。

⑩　若发现有方向性偏离，则重新转到切入航向。

⑪　当切入预计航迹时，向导航台方向转 5°，摆 15° 的偏流角向导航台飞行。

⑫　若起始使用的 10° 偏流角过大，偏离杆偏向上风方向，则转向与预计航迹平行的航迹，让风把飞机吹回预计航迹。当相对方位指示器的指针重新回零时，向上风方向摆一个稍小的偏流角。

二、DME 弧飞行方法

该飞行科目主要是培养学员熟练地定向、切入、追踪 DME 弧的能力。对学员的具体要求如下。

①　掌握与 DME 弧切入和追踪有关的各种知识。

②　能调谐并正确识别 VOR。

③　能切入 DME 弧，并保持在该弧左右 1 n mile 范围以内。

④　能识别 VOR 或 VOR/DME 接收器的失效情况，并在必要时将情况报告给空中交通管制员。

具体操作程序如下。

①　调谐并识别要使用的 VOR/DME。

②　利用所有可用的设备确定位置和距设施的距离。

③　对照磁罗盘，每 10～15 min 检查并校准一次陀螺半罗盘的航向。

④　追踪指定的径向线，向台或背台飞行，或者由空中交通管制员引导。

⑤　在追踪 DME 弧时，应经常检查 DME 读数。

⑥　当偏离预计 DME 弧 0.5 n mile 时，以标准转弯率转向预计 DME 弧（向顺时针方向或逆时针方向）。

⑦　按④中的方法，飞向 90° 背台航迹。

⑧　将 2# VOR 导航无线电设备上的偏离杆居中，并显示 FROM。向给定的方向转动 CRS 旋钮 10°。

⑨ 监控 DME 读数，保持所需距离。如果距离增加，以 10° 偏离转向预计 DME 弧。如果距离减小，以 10° 偏离转出预计 DME 弧。

⑩ 在预计 DME 弧上时，只要 2# VOR 偏离杆居中，就向弧的内侧转动 CRS 旋钮 10°。

⑪ 随着穿越该径向线，继续在 2# VOR 上以 10° 间隔设置新的径向线。

注意： 依据风速和风向，适当调整飞机航向。在偏离预计 DME 弧 0.5 n mile 时，用 10°~20° 的修正角来修正。当建立好弧后，保持合适的偏流角。

⑫ 在穿过用于引导进近的径向线前，将 1# VOR 调整到适当的频率并将航道偏离指示器调节到进近的向台径向线。

⑬ 到达提前量的径向线时，摆一个 45° 的切入航向。当 1# VOR 的航道偏离指示器指针居中时，便完成了航迹的切入。

第二节　等待程序

等待程序是指航空器为等待进一步放行而保持在一个规定空域内的预定的机动飞行。等待程序一般设置在进场航段的末端或进场航线上的某一点。

该飞行科目主要是培养学员在导航台、航迹交叉点，或者定位点上利用安装的设备，熟练地加入等待程序的能力。对学员的具体要求如下。

① 掌握有关等待程序方面的必要知识。

② 在到达等待定位点前 3 min 内，能够根据高度或机型调速至等待空速。

③ 能对标准的、非标准的、公布的或非公布的等待航线进行解释，并采用正确的程序加入等待。

④ 能判明到达等待定位点，并开始准确地加入等待航线。

⑤ 能按要求向管制部门报告。

⑥ 能根据高度或 ATC 指令正确进行计时（如适用）。

⑦ 在规定有 DME 距离时，能遵守等待航线各边长度的要求。

⑧ 能使用正确的修正风的程序，保持需要的等待航线，并尽可能地在规定时间到达等待定位点。

⑨ 能在空速误差 10 KNOTS 以内，航向误差 10° 以内，高度误差 100 ft（约 30 m）以内，保持航道、径向线或方位线。

一、等待航线的形状和有关术语

标准等待程序为右转弯，即右等待程序；非标准等待程序为左转弯，即左等待程序。图 5-2 所示为标准等待程序（右等待程序）。

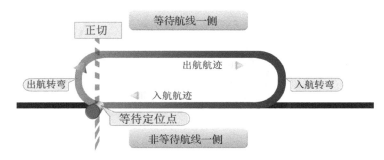

图 5-2　标准等待程序（右等待程序）

二、等待航线的进入方法

1. 进入扇区的划分

如图 5-3 所示，进入扇区划分的方法：以起始点为圆心，以入航航迹为基准，向等待航线一侧量取 70°并通过圆心画出一条直线，该直线与入航航迹反向线将 360°的区域划分为三个扇区，即第一扇区 110°、第二扇区 70°、第三扇区 180°，各扇区还应考虑其边界两侧 5°的机动区。

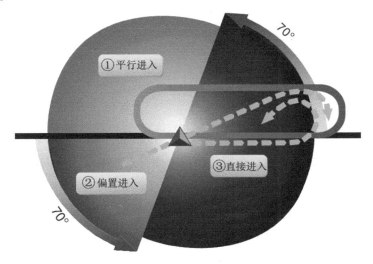

图 5-3　进入扇区的划分

2. 进入方法

① 第一扇区程序（平行进入），如图 5-4 所示。

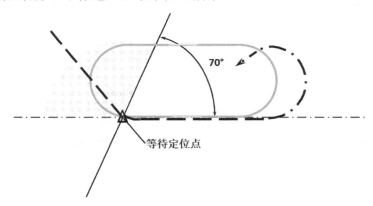

图 5-4　平行进入

a. 航空器到达等待定位点后，向左转至出航航向，并保持此航向上飞行适当的时间。

b. 航空器向左转至等待侧，切入入航航迹并飞回到等待定位点。

c. 在第二次飞越等待定位点后，航空器右转按照右等待程序飞行。

② 第二扇区程序（偏置进入），如图 5-5 所示。

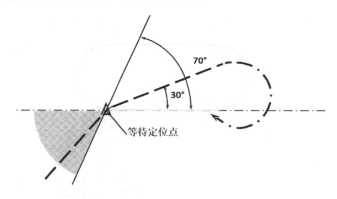

图 5-5　偏置进入

a. 航空器到达等待定位点后，在等待航线一侧与入航航迹的反向成 30° 的航迹飞行。

b. 航空器出航飞行。

● 如果规定计时，就飞行适当的时间。

● 如果规定距离，就直至到达限制 DME 距离。

● 如果既规定距离又规定限制径向线，就到达限制 DME 距离或遇到限制径向线（以先发生为准）。

c. 航空器右转切入等待入航航迹。

d. 在第二次飞越等待定位点后，航空器右转按照右等待程序飞行。

③ 第三扇区（直接进入），如图 5-6 所示。

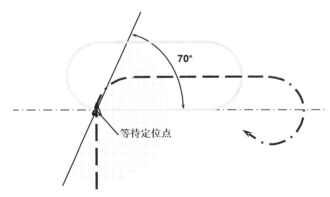

图 5-6　直接进入

a. 到达等待定位点时，按需执行等待定位点/飞跃检查。

b. 根据 ATC 指令中的方向或公布的程序，以标准转弯率转向出航航迹。

三、具体操作程序

具体操作程序如下。

① 如果即将到达某一许可界限（3 min），且未收到该界限后的许可，应当减速到 90 KIAS（电动机转速约为 1900 RPM）。

② 根据飞机航线和到达等待定位点的情况，确定进入方法。在确定进入方法时，±5° 之内被认为是正常的误差范围。

③ 按照推荐的程序进入指定的等待程序。

④ 向空中交通管制员报告到达等待定位点的时间和高度。

⑤ 除非用 DME 弧来确定程序的大小，否则 14000 MSL 以下的出航航迹飞行计时 1 min，14000 MSL 以上的出航航迹飞行计时 1.5 min。

⑥ 在等待定位点上空或正切时（取晚的）开始计时。如果不能确定正切的位置，在转向出航航迹的转弯改出后开始计时。

⑦ 在整个出航航迹/入航航迹中，保持对风的修正。在出航航迹上，修正量应为入航航迹的 3 倍，以弥补转弯过程中因受风影响而出现的偏差。如果在入航航迹上修正 4°，那么在出航航迹上要修正 12°。

⑧ 如果有颠簸、积冰等导致速度增加，或者有任何无法完成等待程序的情况发生，应立即通告空中交通管制员。只要不需要较高的速度，就要保持适当的等待速度（100 KIAS）并通告空中交通管制员。

⑨ 向空中交通管制员报告离开等待定位点的时间。

⑩ 当得到在某一特定时刻离开等待定位点的指令后，应在等待程序的限制内调整飞行航线，确保在指定时刻离开等待定位点。

⑪ 离开等待定位点后，恢复正常速度。

第三节　精密进近程序

精密进近程序即在最后进近时能够提供水平方向上的航向引导和下滑引导的仪表飞行程序。ILS 常用于为飞机提供航向引导和下滑引导。

该飞行科目的目的是培养学员在正常情况和非正常情况下，利用所有设备完成精密进近程序的能力。对学员的具体要求如下。

① 掌握有关精密进近程序的必要知识。

② 能选择并正确实施相应的精密进近程序。

③ 能根据飞行阶段或进近阶段，适时与管制部门建立通信联系，并能使用正确的无线电通信术语和技术。

④ 能选择、调谐、识别用于进近的导航设备并证实其工作状况。

⑤ 能执行管制部门或飞行教员发出的所有指令。

⑥ 当由于航空器的原因不能执行指令时，能及时报告管制部门或飞行教员。

⑦ 能考虑颠簸和风等因素，建立适当的飞机外形和空速，完成相应飞行阶段要求的检查单。

⑧ 在开始五边进以前，能实现高度误差 100 ft（约为 30 m）以内，航向或航道误差 10°以内，空速误差 10 KNOTS 以内。

⑨ 针对飞机进近等级，必要时能适当调整公布的决断高度和能见度标准。例如：

a. 飞行数据中心和二类航行通告。

b. 机载和地面导航设备失效。

c. 与着陆环境相关的目视导航设备失效。

d. 气象服务报告的因素和标准。

⑩ 能在切入下滑道的位置上建立适当的下降速度，确保飞机沿下滑道下降至决断高度。

⑪ 在五边进近航段，航向道或下滑道偏差能不超过航道偏离指示器满刻度的 3/4，空速误差在 10 KNOTS 以内。

⑫ 在开始复飞或转入目视进行正常着陆以前，能不下降到决断高度以下。

⑬ 能实现当到达决断高度时，当着陆跑道所需目视参考不能明显可见和识别时，立即复飞。

⑭ 能实现到达一个合适的位置，只有在此位置才可以以正常下降速度和正常飞行动作继续进行进近和着陆。

一、ILS 的功用、分类及组成

1. ILS 的功用、分类

ILS 主要提供航向道和下滑道的引导。

精密进近根据跑道视程（Runway Visual Range，RVR）和决断高度上可划分成三类，如表 5-1 所示。

表 5-1　精密进近分类

性能标准	分类				
	I 类	II 类	III 类		
			A	B	C
能见度或跑道视程	能见度不小于 800 m，跑道视程不小于 550 m	跑道视程不小于 300 m	跑道视程不小于 175 m	跑道视程不小于 50 m	0
决断高度	不低于 60 m	不低于 30 m	低于 30 m 或 0	低于 15 m 或 0	0

2. ILS 的组成

ILS 由地面台和机载设备共同组成，机载接收机接收地面台发出的无线电信号，指示器直观地显示飞机和理想下滑道的相对位置，为飞行员提供操纵飞机的依据。

（1）ILS 地面台

地面台由三部分组成，航向台（Localizer，LLZ）、下滑台（Glideslope，GS）、指点信标（Marker Beacon，MB），如图 5-7 所示。

其中，MB 为飞机提供距离跑道入口的距离信息，有三种类型：外指点标（Outer Marker，OM）、中指点标（Middle Marker，MM）和内指点标（Inner Marker，IM）。OM 常和远台安装在一起，MM 常和近台安装在一起。值得注意的是，指点信标台非必要安装设备，可使用 DME 代替。

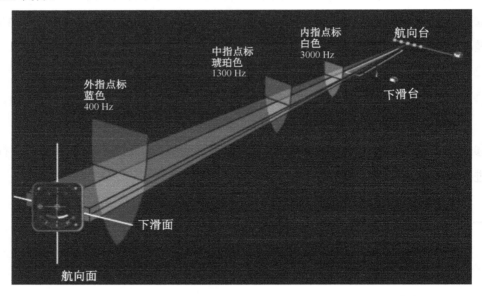

图 5-7　ILS 地面台

（2）ILS 机载设备

接收机：VOR/LOC（Localizer，航向道）航向接收机，下滑接收机，MB 接收机。

控制盒：和 VOR 控制盒共享，调谐 LOC 频率。

指示器：常用 HSI 和 ADI 显示航向偏离和下滑偏离。

天线：包括 VOR/LOC 天线、下滑接收机的折叠式偶极天线、MB 接收机的环状天线。

二、精密进近仪表认读

操纵 C172 型飞机执行精密进近程序，相应的水平指引和下滑指引会显示在对应的无线电导航仪表上。装有不同仪表类型的飞机的精密进近引导信号的指示形式不同。下面分别介绍 G1000 系统和传统机械式仪表对精密进近引导信号。

1. G1000 系统精密进近引导信号认读

图 5-8 所示为精密进近 G1000 系统进近引导信号指示，精密进近指引信号均显示在 PFD 上。其中，下滑道指示器是高度带左侧的绿色菱形符号，在高度带左侧是有 4 个下滑道偏离刻度的偏离指示区域。绿色菱形在偏离指示区域中间位置，说明飞机当前正处在正确的下滑道上；绿色菱形在偏离指示区域下方，说明飞机高于正确的下滑道；绿色菱形在

偏离指示区域上方，说明飞机低于正确的下滑道。在出现偏差时，飞行员应主动修正偏差。

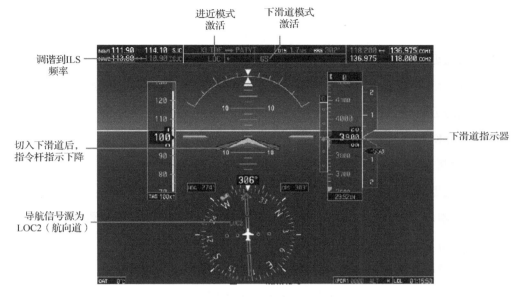

图 5-8　G1000 系统精密进近引导信号指示

航向道指示信号在 HSI 上是以航道偏离杆的形式表示的，并且有水平偏离刻度。当航道偏离杆在水平偏离刻度中间时，说明飞机水平位置处在航向道上。当航道偏离杆在水平偏离刻度左边时，说明飞机在航向道右边。当航道偏离杆在水平偏离刻度右边时，说明飞机在航向道左边。在出现偏差时，飞行员应主动修正偏差。

2. 传统机械式仪表精密进近引导信号认读

如图 5-9 所示，传统机械式仪表的精密进近引导信号是以航道偏离杆的形式表示的。下滑道偏离杆偏上，说明飞机偏低；下滑道偏离杆偏下，说明飞机偏高。航向道偏离杆偏左，说明飞机在航向道右侧；航向道偏离杆偏右，说明飞机在航向道左侧。飞行员只有主动修正偏差，才能保证飞机沿正确的航向道和下滑道进近。

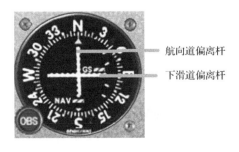

图 5-9　传统仪表精密进近引导信号指示

三、具体操作程序

（1）起始进近航段

根据 ATC 指令和仪表进近程序图执行起始进近航段，完成相应的高度、速度的调整。

（2）中间进近航段

① 保持 90 KIAS 的速度。

② 设置襟翼为 10°，打开着陆灯、滑行灯。

（3）最后进近航段

① 偏离下滑道半个点，收油门，速度保持在 85 KIAS 以下，设置襟翼为 20°。

② 截获下滑道，调整俯仰姿态（约 3° 下俯姿态），保持下滑道。

③ 按需调整姿态和油门，保持正常的下滑道和 70 KIAS 的速度。

④ 建立正确的偏流角，保持航迹。在偏离航向道或下滑道时，重新截获的修正量要小。

⑤ 保持最后进近航迹和下滑道，直到决断高度。

⑥ 在决断高度以上，当满足以下条件时，即可转为正常着陆进近。

a. 跑道环境可见。

b. 飞机处于用正常的操纵技术、以正常的下降速度能够在预计跑道上着陆的状态。

c. 机场能见度不低于公布的仪表进近所需能见度。

⑦ 在决断高度时，若所需目视参考不能持续可见或识别，则应当立即执行复飞程序，或执行 ATC 指令。

⑧ 进近过程中，会用到下列喊话。

a. 航迹好。

b. 高于决断高度 1000 ft。

c. 高于决断高度 500 ft。

d. 高于决断高度 200 ft。

e. 高于决断高度 100 ft。

f. 决断高度。

g. 在决断高度时或在决断高度之前喊话如下。

● 进近灯光：表明飞行员可以下降到决断高度以下且高于接地区标高 100 ft。

- 跑道前方：表明跑道可见，可以转为目视着陆。
- 复飞：表明没有可见的进近灯光或目视参考，转为复飞程序。

第四节　非精密进近程序

非精密进近程序是指在垂直方向上不提供下滑引导，但在水平方向上提供航向引导的进近程序。例如，VOR 进近程序、NDB 进近程序等下滑台不工作的情况均为非精密进近程序。

该飞行科目的目的是培养学员在正常情况和非正常情况下，利用所有设备完成非精密进近程序的能力。对学员的具体要求如下。

① 掌握有关非精密进近程序的必要知识。

② 能正确选择并实施相应的仪表进近程序。

③ 能根据飞行阶段或进近阶段，适时与管制部门建立通信，并能使用正确的无线电通信术语和技术。

④ 能正确选择、调谐、识别用于进近的导航设备并证实其工作状况。

⑤ 能正确执行管制部门或飞行教员发出的所有指令。

⑥ 能在航向指示器或姿态指示器不准确或失效时，判明并报告管制部门，继续实施进近。

⑦ 当由于航空器的原因不能执行指令时，能及时报告管制部门或飞行教员。

⑧ 能考虑颠簸和风等因素，建立适当的飞机外形和空速，完成相应飞行阶段要求的检查单。

⑨ 在开始五边进近以前，能实现高度误差 100 ft（约为 30 m）以内，航向或航向误差 10° 以内，空速误差 10 KNOTS 以内。

⑩ 针对飞机进近等级的需要，必要时能适当调整公布的最低下降高度（Minimum Descent Altitude，MDA）和能见度标准。例如：

a. 飞行数据中心和二类航行通告。

b. 机载和地面导航设备失效。

c. 与着陆环境相关的目视导航设备失效。

d. 气象服务报告的因素和标准。

⑪ 能建立正常下降速度和航迹，保证飞机到达复飞点（MAPt）以前下降到最低下降高度，并继续保持飞机正常姿态，按正常的机动动作以正常的下降速度下降着陆。

⑫ 在五边进近航段，能实现偏差不超过航道偏离指示器满刻度的 3/4，无线电磁指示器误差在 10° 以内，空速误差在 10 KNOTS 以内。

⑬ 能保持最低下降高度飞至复飞点，误差为+100 ft（约 30 m）/−0。

⑭ 在到达复飞点时，若着陆跑道的目视参考不能清楚可见，则执行复飞程序。

⑮ 按飞行教员发出的指令，能完成直线进近或目视盘旋进近，并正常着陆。

具体操作程序如下。

遵从 ATC 指令，完成起始进近和中间进近航段，下降至合适高度并减速。

最后进近航段操作程序如下。

① 速度保持 90 KIAS。

② 当在最后进近航迹上或最后进近定位点上决定开始下降时，收油门，并设置襟翼为 10°。

③ 稍微调整俯仰姿态（约 5° 下俯姿态），建立 700 ft/min 的下降速度，保持 80 KIAS 的下滑速度。

④ 按需调整姿态和油门，保持合适的下降速度和下滑速度。

⑤ 建立正确的偏流角，保持航迹。在偏离航迹时，重新截获的修正量要小。

⑥ 到达最低下降高度前，调整俯仰姿态（约 1° 下俯姿态）和油门，改平飞，这样才能在最低下降高度处保持 70 KIAS 的速度。

⑦ 在最低下降高度保持沿跑道的进近航迹，直到达到如下指标。

a. 跑道环境可见。

b. 飞机处于用正常的操纵技术、以正常的下降速度能够在预计跑道上着陆的状态。

c. 飞行能见度不低于公布的仪表进近所需能见度。

d. 到达复飞点。

⑧ 若所需目视参考不能持续可见或识别，则应当立即执行复飞程序，或者执行 ATC 指令。

⑨ 在进近过程中，会用到下列喊话。

a. 航迹好。

b. 高于最低下降高度 1000 ft。

c. 高于最低下降高度 500 ft。

d. 高于最低下降高度 200 ft。

e. 高于最低下降高度 100 ft。

f. 最低下降高度。

g. 复飞点或复飞点之前用到的喊话如下。

● 进近灯光：表明飞行员可以下降到最低下降高度以下且高于接地区标高 100 ft。

● 跑道前方：表明跑道可见，可以转为目视着陆。

● 复飞：表明没有可见的进近灯光或目视参考，转为复飞程序。

第五节　目视盘旋进近程序

目视盘旋进近（目视机动飞行）这一术语用于描述仪表进近程序完成之后的飞行阶段。这一飞行阶段使航空器飞至不适于直线进近的跑道的着陆位置进行着陆，如对正跑道的准则或下降梯度不满足要求的跑道。盘旋进近程序的最低运行标准会在对应跑道的仪表进近航图上公布，如图 5-10 所示，"盘旋"栏分别给出了不同类型的航空器对应的运行标准[MDA（H）]和能见度（VIS）。

		A	B	C	D
VOR/DME	MDA(H) VIS	200(153) 660'(510') 2200		200(153) 660'(510') 2400	200(153) 660'(510') 2600
盘　旋	MDA(H) VIS	250(203) 830'(670') 3600	400(353) 1320'(1160') 4400	500(453) 1650'(1490') 5000	

图 5-10　盘旋进近程序最低运行标准

该飞行科目的目的是培养学员与标准仪表进近程序相关的目视盘旋进近程序的能力。对学员的具体要求如下。

① 掌握有关目视盘旋进近程序的必要知识。

② 考虑颠簸、风等因素和航空器的机动性能，能正确选择并实施相应的目视盘旋进近程序。

③ 能确认其他飞行活动的方向，遵守并执行管制部门和飞行教员下达的一切限制和指令。

④ 在到达一个可以下降和进行正常着陆的位置之前，能避免下降至相应目视盘旋进近的最低下降高度以下或超过能见度条件的限制。

⑤ 在航空器到达批准的目视盘旋进近高度后，能实现高度误差在+100 ft（约为30 m）/–0 范围内，能根据目视参照操纵飞机建立至少和五边进近航道成90°夹角的飞行轨迹，保证飞机正常在跑道上着陆。

具体操作程序如下。

① 完成相应的仪表进近的标准程序。

② 一旦确定可以由仪表进近程序转为着陆，立即应发出"目视"口令。

③ 确定以最安全的方式飞向跑道。

④ 在目视盘旋过程中，在目视盘旋操纵区内（A 类，距跑道入口 1.3 n mile），应遵守能见度标准。

⑤ 确定航线的方向，尽可能地使进近依照正常的起落航线飞行。

⑥ 在准备着陆时，应发出"离开最低下降高度，并执行着陆程序"口令。

第六节　CDFA

一、背景

事故数据分析表明，航空器实施非精密进近时的事故率是实施精密进近时的事故率的 7 倍。

其中一个重要原因是，在非精密进近的最后进近航段设计中，传统的梯度下降是在机场净空剖面的基础上设计的，其中有的包含梯级下降定位点（Step Down Fix，SDF），而其他则不包含梯级下降定位点。如图 5-11（a）所示，对于最后进近航段包含梯级下降定位点的非精密进近（没有稳定梯度下降的飞行），飞行员在通过最后进近定位点后需要多次调整航空器的油门、俯仰姿态，这些调整增加了飞行关键阶段飞行员的工作负荷，并提高了发生差错的可能性。如图 5-11（b）所示，对于最后进近航段不包含梯级下降定位点的非精密进近，飞行员在通过最后进近定位点后可以立即下降至最低下降高度/高（MDA/H），这种操纵通常被称为快速下降后平飞（Dive and Drive）。

无论对于上述哪种情况，航空器均有可能保持最低下降高度/高飞行，直至从某一点开始继续下降至跑道或达到复飞点，在仪表气象条件下可能导致低至地面以上 75 m（约为

250 ft）高度的平飞，并有可能导致最后进近时下降梯度过大或过小。

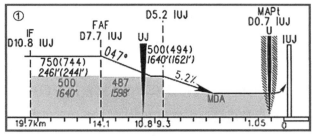

（a）包含梯级下降定位点的下滑轨迹

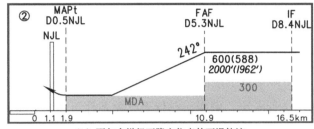

（b）不包含梯级下降定位点的下滑轨迹

图 5-11　包含梯级下降定位点和不包含梯级下降定位点的下滑轨迹

国际民航组织文件《空中航行服务程序－航空器的运行》（PANS-OPS，Doc 8168）中规定：稳定进近时，航空器必须在特定高度上处于稳定的状态。作为优化的进近技术，稳定状态不应只存在于特定的位置，而应是持续的状态，即在进入最后进近航段之后尽早达到稳定状态。使用固定下滑角的进近剖面可以提供一个更稳定的飞行航迹，从而通过减少飞行机组的工作负荷，达到降低非精密进近风险的目的。CDFA 技术（见图 5-12）是能够保障航空器稳定进近的有效方法，采用该技术实施进近的航空器保持稳定下滑角 3°（GP 3°）的飞行轨迹，安全性更高。

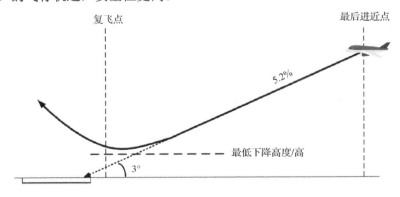

图 5-12　CDFA 技术

二、相关定义

1. CDFA

CDFA 是一种与稳定进近相关的飞行技术，在非精密进近程序的最后进近阶段连续下降，没有平飞，从高于或等于最后进近定位点高度/高下降到高于着陆跑道入口约 15 m（约为 50 ft）的点或到该机型开始拉平操作的点。

2. 稳定进近

稳定进近的特征是保持稳定的进近速度、垂直航迹和形态，直至起始着陆动作。飞越最后进近定位点后，在下降至低于最低稳定进近高度/高之前建立着陆形态，稳定在合适的进近速度、推力设置和飞行航迹。例如，在仪表气象条件下飞机高于跑道入口标高 300 m（约为 1000 ft），或者在目视气象条件下高于跑道入口标高 150 m（约为 500 ft）至着陆接地区，保持航空器下降速度不大于 1000 ft/min（若预计下降速度大于 1000 ft/min，则应执行一个特殊的进近简令）。

关于稳定进近的概念与术语请参考《机组标准操作程序》和咨询通告（AC-121-22）附件 2。稳定进近是安全进近和着陆的关键因素。中国民用航空局和国际民航组织（International Civil Aviation Organization，ICAO）鼓励运营人应用稳定进近的概念以降低可控飞行撞地（Controlled Flight Into Terrain，CFIT）的风险。

3. CDFA 特定决断高度/高（DDA/H）

在使用 CDFA 技术实施进近时，为确保航空器在复飞过程中不低于公布的最低下降高度/高，由运营人确定的在公布的最低下降高度/高以上的某一高度/高称为特定决断高度/高（见图 5-13）。例如，在公布的最低下降高度/高增加 15 m（约为 50 ft）开始复飞。当下降至特定决断高度/高时，如果不具备着陆条件，那么飞行员应开始复飞。

特别值得一提的是，采用 CDFA 技术执行非精密进近的特定决断高度/高并不是一定要在最低下降高度/高的基础上增加 15 m。特定决断高度/高是由运营人制定的，只是要按照中国民航局要求确保在这一特定的决断点复飞高度损失后不低于最低下降高度/高。而最低下降高度/高加 15 m 仅仅是咨询通告中中国民航局举的例子而已。运营人根据机型性能，只要确保复飞时不低于最低下降高度/高即可，具体增加多少由运营人决定。

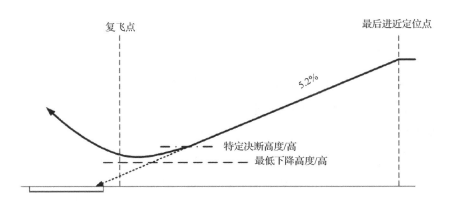

图 5-13　特定决断高度/高

三、CDFA 技术的优势

相对于航空器在到达最低下降高度/高前快速下降的大梯度下降（快速下降后平飞）进近技术，CDFA 技术具有如下优势。

① 通过应用稳定进近的概念和标准操作程序降低安全风险。

② 提高飞行员情境意识并减少工作负荷。

③ 减少大推力状态下的低空平飞时间，提高燃油效率、降低噪声。

④ 进近操作程序类似于精密进近和类精密进近，包括复飞机动飞行。

⑤ 能够与气压垂直导航（Baro-VNAV）进近的实施程序相整合。

⑥ 减少在最后进近航段中低于超障裕度的可能性。

⑦ 当处于公布的下降梯度或下滑角度飞行时，航空器姿态更容易使飞行员获得所需目视参考。

四、CDFA 技术的运行程序和飞行技术

1. 设备要求

除了非精密进近程序所要求的设备，CDFA 技术不需要特殊的航空器设备。飞行员可以使用基本的驾驶技能、航空器的基本导航性能、航空器飞行管理系统（Flight Management System，FMS）或区域导航（RNAV）系统等在使用 CDFA 技术安全地执行适用的非精密进近程序。同时，飞行员可以利用 DME 定位点、交叉径向线、GNSS（Global Navigation Satellite System，全球导航卫星系统）提供的航空器至跑道的距离等数据，按照仪表进近图监控航

空器在复飞点前的水平和垂直飞行航迹。

2. 进近类型要求

CDFA 技术要求使用仪表进近程序中公布的垂直下降梯度或气压垂直引导下滑角度。安装有飞行管理系统、气压垂直导航、广域增强系统（Wide Area Augmentation System，WAAS）或类似设备的航空器，当从数据库中选定仪表进近程序时，通常会提供公布的下滑角度。具有飞行航迹角模式的航空器允许飞行员根据公布的垂直下降梯度或下滑角度输入一个电子的下滑角。如果航空器没有这类设备，那么飞行员必须计算需要的下降速度。

3. 计算需要的下降速度

中国民航局公布的仪表进近图中提供了地速-时间-下降率对照表。飞行员可以使用该表根据地速直接查出下降速度，或者使用插值法计算出使用 CDFA 技术需要的下降速度。如图 5-14 右下位置的表格所示，对于东营机场 VOR/DME RWY18 仪表进近程序，公布的垂直下降梯度是 5.2%，当地速是 120 KNOTS 时，直接查出需要的下降速度是 640 ft/min；当地速是 140 KNOTS 时，直接查出需要的下降速度是 740 ft/min；当地速是 130 KNOTS 时，根据插值法可以计算出需要的下降速度是 690 ft/min。对于没有地速测算和显示功能的飞机，飞行员利用表速估算出地速并进一步计算出下降速度的方法是可以接受的。

4. CDFA 运行程序

以东营机场 18 号跑道 VOR/DME 进近程序为例。

最后进近航段是最后进近定位点（距 DYN 台 5.3 n mile，183°径向线）至复飞点（距 DYN 台 0.2 n mile，183°径向线），因此最后进近航段水平方向应继续保持 183°径向线飞行。由于 VOR/DME 进近程序为非精密进近，最后进近航段垂直方向无引导，但应满足程序公布的航段下降梯度 5.2%要求。

（1）地速-时间-下降率对照表

地速-时间-下降率对照表示例如图 5-14 所示，该表应当在最后进近航段使用。根据飞机最后进近航段的地速并结合地速-时间-下降率对照表，可以查出最后进近航段的飞行时间及建议的最后进近航段下降速度。航段飞行时间根据最后进近航段长度和地速求得，下降速度根据最后进近航段高度差和飞行时间求得。

FAF-MAPt 9.46km						
地速 kt	80	100	120	140	160	180
km/h	150	185	220	260	295	335
时间 min:sec	3:50	3:04	2:33	2:11	1:55	1:42
下降率 ft/min	420	530	640	740	850	960
m/s	2.2	2.7	3.2	3.8	4.3	4.9

图 5-14 地速-时间-下降率对照表示例

（2）高度-距离对照表

高度-距离对照表如图 5-15 所示，该表给出了飞机距离 DYN 台的距离（单位为 n mile）对应飞机的飞行高度。飞机在使用图 5-14 建议下降速度执行最后进近航段时，根据 DME 指示结合图 5-16 可知飞机是否满足程序要求的最后进近下降剖面，若不满足，则飞行员应及时做出调整，以使飞机在无垂直引导的情况下近似飞出稳定的下降轨迹。

测距(DYN)	1	2	3	4	5
高度	180/590′	278/910′	375/1230′	472/1550′	569/1870′

图 5-15 高度-距离对照表

执行 CDFA 需要二表结合使用。例如，飞机高度 600 m/2000 ft 从最后进近定位点改下降，根据地速 70 KNOTS 对照图 5-14 利用插值法计算下降速度约为 400 ft/min，在距 DYN 台 4 n mile 处检查高度是否约为 1550 ft，如图 5-16 所示，以此类推，根据高度偏差适当调整下降速度以满足如图 5-15 所示的高度-距离对照表中的关系。

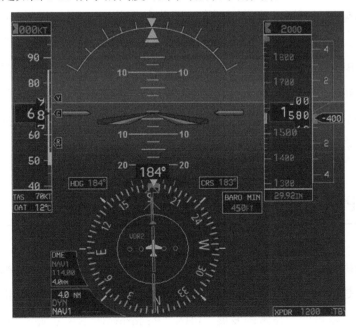

图 5-16 CDFA 下降速度选择及高度检查

随着飞机高度继续下降，需要特别注意着陆运行最低标准，其中 CDFA 的运行最低标准并不是航图公布的 VOR/DME 进近程序中的最低下降高度/高，根据相关民航规章要求 CDFA 应执行特定决断高度/高。特定决断高度/高要求在最低下降高度/高之上加上一个高度，假设该高度为 50 ft/15 m，通过航图可查出 A、B 类航空器最低下降高度/高为 400 ft/380 ft，因此特定决断高度/高为 450 ft/430 ft。飞机在特定决断高度/高上若能够建立目视参考，则继续进近；若无法建立目视参考，则按照航图公布的复飞程序立即执行拉升复飞操作，无平飞段。

5. 不使用 CDFA 技术的运营人的能见度最低标准

如果在非精密进近中不采用 CDFA 技术，运营人确定的其机场运行最低标准应在中国民航局批准的该机场最低标准之上。对于 A、B 类飞机，跑道视程/能见度至少增加 200 m；对于 C、D 类飞机，跑道视程/能见度至少增加 400 m［参见《民用航空机场运行最低标准制定与实施准则》(AC-97-FS-2011-01)］。增加上述能见度最低标准的目的是使不采用 CDFA 技术的运营人的飞行员在最低下降高度/高平飞时有足够的裕度来获得恰当的目视参考，并转换至目视下降，以便在接地区着陆。

值得注意的是，即使采用 CDFA 技术执行非精密进近，有时也不能直接使用航图上公布的能见度，因为特定决断高度/高是在最低下降高度/高的基础上加上一定的高度，而航图上的能见度是根据最低下降高度/高计算的，因此在采用 CDFA 技术执行非精密进近时需要重新计算能见度。例如，在东营机场执行 VOR/DME RWY18 仪表进近，若不采用 CDFA 技术，则对应 A、B 类飞机的跑道视程/能见度不能低于 1600 m，C、D 类飞机的跑道视程/能见度不能低于 1800 m；若采用 CDFA 技术，假设特定决断高度/高在最低下降高度/高的基础上增加 50 ft/15 m，则对于 A、B 类飞机的特定决断高度/高为 135 m/130 m，对于 C、D 类飞机特定决断高度/高为 135 m/130 m。

第七节　PBN 仪表飞行

随着飞行训练量的大幅增加和气象变化因素的加入，仪表飞行比例将逐步增加。而传统的仪表飞行，是依靠 NDB、VOR、ILS 等实现导航的，对地面设备要求较高，无法实现全空域仪表运行。随着航行技术的发展，PBN（Performance Based Navigation，基于性能导航）方式正在快速普及，它具有直观精确的地图导航方式，可以有效增强驾驶员的航空器位置情境意识，减轻驾驶员负荷，实现全空域仪表导航，有效提升通航安全水平。同时，如今的教练机机载设备多数都能实现 PBN，因此在仪表等级训练中加入 PBN 仪表飞行是相当必要的。

一、术语解释

机载增强系统（Airborne Based Augmentation System，ABAS）：一种增强系统，用于增强和（或）综合从 GNSS、航空器机载设备获取的信息。

注意： ABAS 最常见的形式是接收机自主完好性监视（Receiver Autonomous Integrity Monitoring，RAIM）。

垂直引导近进程序（Approach Procedure with Vertical Guidance，APV）：利用侧向和垂直引导，但是并未达到精密进近和着陆运行要求的仪表程序。

RNAV：一种导航方式，允许航空器在地面导航设备覆盖范围内，或者在机载自主导航设备的工作范围内，或者二者的组合，沿任一期望的航径飞行。

区域导航航路：为使用能够实施 RNAV 的航空器建立的空中交通服务航路。

空中交通服务监视服务：直接由空中交通服务监视系统提供的服务。

空中交通服务监视系统：泛指能够识别航空器的各种系统，如广播式自动相关监视、一次监视雷达、二次监视雷达或任何类似陆基系统。

注意： 类似于陆基系统，空中交通服务监视系统是指已经通过比较评估或其他方法证明达到或优于单脉冲二次雷达安全和性能水平的系统。

循环冗余码校验（Cyclic Redundancy Check，CRC）：一种用于二进制数据的数学运算法则，为防止数据丢失或变更提供一定程度的保障。

混合导航环境：可在同一空域内使用不同导航规范的环境 （如同一空域内的 RNP 10 航路和 RNP 4 航路）或传统导航与 RNAV 或 RNP 同时运行的环境。

导航设备：是指满足导航规范要求的星基和（或）陆基导航设备。

导航应用：按照设定的空域概念，在航路、程序和（或）规定的空域范围应用导航规范及配套导航系统基础设施。

注意： 导航应用是实现设定空域概念战略目标的要素之一，除此之外还包括通信、监视和空中交通管制程序。

导航功能：导航系统为满足空域概念要求必须具备的具体能力（如执行航段过渡、平行偏置能力、等待航线、导航数据库等）。

导航规范：一组对航空器和机组人员提出的要求，以支持指定空域内 PBN 的运行。有如下两类导航规范。

- RNAV 规范：基于 RNP 的导航规范，不要求性能监视和告警，以前缀 RNAV 标示，如 RNAV 5、RNAV 1。

- RNP 规范：基于 RNP 的导航规范，要求性能监视和告警，以前缀 RNP 标示，如 RNP 4、RNP APCH。

PBN：以沿空中交通服务航路运行、实施仪表进近程序或在指定空域运行的航空器性能要求为基础的 RNAV。

注意：*导航规范中的性能要求是为了满足特定空域概念下拟实施的运行所需要的精度、完好性、连续性、可用性、功能性提出的要求。*

程序管制：使用非空中交通服务监视系统的信息提供的空中交通管制服务。

RAIM：ABAS 的一种形式，只使用 GPS 信号，辅助气压高度来确定 GPS 信号的完好性。这种技术是通过检验冗余伪距测量的一致性来实现的。接收机/处理器要执行 RAIM 功能，除了接收定位需要的卫星信号，至少还需要接收到另外一颗具有合适几何构型的卫星信号。

RNAV 运行：使用 RNAV 方式实施 RNAV 应用的航空器运行。

RNAV 系统：使航空器在地基导航系统信号覆盖范围内，或者在机载自主导航设备的工作能力范围内，或者二者的组合，沿任一期望的航径飞行的系统。RNAV 系统可以作为飞行管理系统的一部分。

RNP 运行：使用 RNP 系统实施 RNP 导航应用的航空器运行。

RNP 航路：为遵循 RNP 规范的航空器运行建立的空中交通服务航路。

RNP 系统：支持机载性能监视与告警的区域导航系统。

星基增强系统（Satellite Based Augmentation System，SBAS）：一个覆盖广泛的增强系统，用户接收卫星发射机发出的增强信号。

标准仪表进场（Standard Terminal Arrival Route，STAR）：带有标识的仪表飞行规则进场航路，该航路将通常位于空中交通服务航路上的某一重要位置点与公布的仪表进近程序起始点相连。

标准仪表离场（Standard Instrument Departure，SID）：带有标识的仪表飞行规则离场航路，该航路将机场或机场特定跑道与通常位于有标识的空中交通服务航路上的某一重要的航路飞行阶段起始点相连。

二、PBN 概述

1. PBN 的概念

目前 ICAO 积极推行 PBN。它标志着从基于传感器导航向基于性能的导航的转变，如图 5-17 所示。PBN 是指在相应的导航基础设施条件下，航空器在指定的空域内或沿航路、仪表飞行程序飞行时对系统精确性、完好性、可用性、连续性及功能性等方面的性能要求。

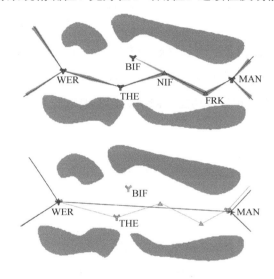

图 5-17　传统导航和 PBN

2. PBN 包含的两类基本导航规范

PBN 包含 RNAV 和 RNP 两类导航规范。PBN 将 RNAV 和 RNP 等一系列不同的导航技术应用归纳到一起，涵盖了从航路、终端区到进近和着陆的所有飞行阶段。飞行阶段导航规范如表 5-2 所示。

表 5-2　飞行阶段导航规范

单位：n mile

导航规范	飞行阶段							
	航路	航路	进场	进近				离场
	海洋/偏远陆地	陆地		起始	中间	最后	复飞	
RNAV 10	10							
RNAV 5		5	5					

导航规范	飞行阶段							
	航路	航路	进场	进近				离场
	海洋/偏远陆地	陆地		起始	中间	最后	复飞	
RNAV 2		2	2					2
RNAV 1		1	1	1	1		1	1
RNP 4	4							
基本 RNP 1				1	1		1	1
高级 RNP	2	2/1	1	1	1	0.3	1	1
RNP APCH				1	1	0.3	1	
RNP AR APCH				1～0.1	1～0.1	0.3～0.1	1～0.1	
RNP 0.3[①]		0.3	0.3	0.3	0.3		0.3	0.3

① RNP 0.3 为直升机运行所用规范。

RNAV 和 RNP 后面跟的数字表示导航精度值。例如，RNP 1 要求在 95%的飞行时间内，航空器位置必须满足标称航迹位置左、右、前、后 1 n mile 以内的精度值要求；RNP 要求航空器具备机载性能监控和告警功能；RNAV 则不要求航空器具备这些功能，如图 5-18 所示。

图 5-18　RNAV 1 和 RNP 1

RNAV 需要在雷达监视环境下运行，具有局域特征；而 RNP 无雷达监视要求，具有广域特征。运行 RNAV 的航空器应装有应答机设备，无应答机设备的航空器只能运行 RNP。部分导航规范下的通信导航监视能力如表 5-3 所示。

表 5-3　部分导航规范下的通信导航监视能力

导航规范	主用导航源	地面导航设施	通信	监视
RNP 4	GNSS	不适用	语音 [或 CPDLC（Controller Pilot Data Link Communications，管制员和驾驶员数据链通信）] / ADS-C（用于支持 30 n mile × 30 n mile 间隔）	无雷达监视要求

续表

导航规范	主用导航源	地面导航设施	通信	监视
RNAV 1/2	GNSS，DME/DME，DME/DME/IRU（Inertial Reference Unit，惯性基准组件）	DME	语音	要求雷达监视环境
基本 RNP 1	GNSS	不适用	语音	无雷达监视要求
RNP APCH	GNSS	VOR，DME，NDB（仅可用于复飞）	语音	无雷达监视要求
RNP AR APCH	GNSS	不适用	语音	无雷达监视要求

注：导航源 GNSS 可以是满足性能要求的北斗、GLONASS、GPS 等星基导航源。PBN 的程序数据应基于 WGS-84 坐标系统，满足 ICAO 附件 15《航空情报服务》的要求。

三、相关知识

1. PBN 航图标示

① RNAV 或 RNP 的离场和进场程序在程序标示中使用 RNAV 标定，在航图上以标注形式增加 PBN 应用类型，如图 5-19 所示。在需要时，在航图上以标注形式给出传感器类型。

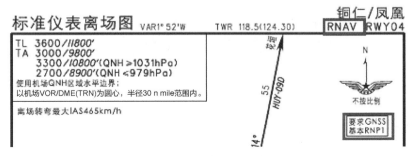

图 5-19 RNP 1 进场和离场航图标示

② RNP APCH 程序在航图上标示为 RNAV (GNSS)，如图 5-20 所示。

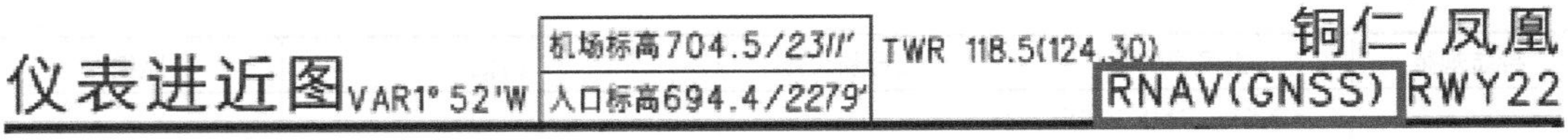

仪表进近图 VAR1°52'W | 机场标高704.5/2311' | TWR 118.5(124.30) | **铜仁/凤凰**
入口标高694.4/2279' | | **RNAV(GNSS)RWY22**

图 5-20　RNP APCH 航图标示

③ RNP AR 程序在航图上标示为 RNAV (RNP)，如图 5-21 所示。

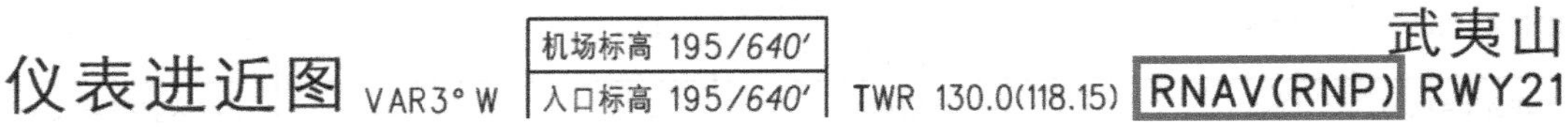

仪表进近图 VAR3°W | 机场标高 195/640' | TWR 130.0(118.15) | **RNAV(RNP)RWY21** | **武夷山**
入口标高 195/640' |

机组和航空器需要特殊授权

1. 要求RF能力。
2. 要求双套全球导航卫星系统和惯性基准组件。
3. 运行温度限制-5～47℃（Baro-VNAV）。
4. 任何情况下的复飞，水平航迹都必须沿进近航迹直至决断高度/高后，加入复飞水平航迹。

图 5-21　RNP AR 航图标示及说明

2. 运行标准

RNAV 进近程序的运行标准以如下形式标示在航图上，如图 5-22 所示。

① 非精密进近程序——LNAV。

② 有垂直引导的进近程序。

- Baro-VNAV——LNAV/ VNAV。

- SBAS APV-I/II——LPV。

		A	B	C	D
LPV	DA(H) VIS		763(60) 2510'(200') 800		
LNAV VNAV	DA(H) VIS		830(128) 2730'(420') 1600		
LNAV	MDA(H) VIS		900(198) 2960'(650') 3000		
盘旋	MDA(H) VIS	935(231) 3070'(760') 4300		965(261) 3170'(860') 4800	1015(311) 3330'(1020') 5000

图 5-22　最低运行标准

3. GNSS

① GNSS 为包含一颗或多颗卫星，能提供定位、测速和授时（PVT）服务的导航卫星系统，当前包含 GPS 和 GLONASS 两个核心卫星及其增强系统。

② 随着 GNSS 的不断发展，欧洲的伽利略和中国北斗正在建设，可以预见未来将出现多种导航卫星系统兼容运行的局面，GNSS 的精度、连续性、完好性、可用性和功能将得到增强。

4. 导航系统性能

对 GNSS 的性能要求主要包括 4 个方面，即精度、完好性、连续性及可用性。

精度是指 GNSS 的定位误差，即估计位置与实际位置之间的差异。

完好性衡量的是整个系统提供信息的正确性的可信程度，GNSS 在不能用于所预期的运行（或飞行阶段）时，应向用户提供及时且有效的告警。

连续性是指在计划运行期间，GNSS 有能力提供连续不间断的服务。

可用性是指在导航期间 GNSS 提供满足要求的导航信息的时间比例。

5. GNSS 增强系统

PBN 的运行基础是导航系统能满足精度、完好性、连续性、可用性等性能要求。为了提高 GNSS 的精度和完好性，GNSS 增加了外部系统。GNSS 增强系统有 3 种类型：ABAS、SBAS 和地基增强系统（Ground Based Augmentation System，GBAS）。

（1）ABAS

ABAS 利用机载 GPS 信息和其他传感器信息，实现机载导航系统的完好性监视。ABAS 用于监测用户定位结果的完好性，目前 ABAS 普通应用的实现算法是 RAIM，也可以使用其他形式实现 ABAS。在没有其他可用增强系统时，用于航空的 GNSS 接收机必须具备 ABAS 功能，以提供完好性监视和告警。ABAS 的主要形式为由 RAIM 提供的失效探测，可以通过多种途径获取 RAIM 预测值。

① RAIM。

RAIM 是设置在 GPS 接收机中的算法，对卫星故障反应迅速并完全自动，无须外界干预。RAIM 为导航设备提供星基导航卫星的完好性监视，并保障导航定位精度。通常要求 4 颗有效卫星才可进行定位计算，5 颗以上可见卫星才可实现故障检测。如果检测到了故障，驾驶员在座舱中就能接收到一个警告标志，指示 GPS 不可用。如果要实现故障检测和排除，则至少需要 6 颗可见卫星才能将故障卫星从导航系统中排除，进而使得操作可以在不间断的情况下继续。

RAIM 的可用性计算是一个具有卫星数目和卫星几何构型的函数。相关卫星在覆盖区域内的运动（轨迹）和例行维护或设备故障造成的卫星暂时性运行中断，共同影响了 RAIM

的可用性计算结果。

对于民航用户来说，可以通过 RAIM 可用性预测的方式来避免飞行过程中遇到 RAIM 空洞的情况，增强 GPS 的可用性。RAIM 的可用性预测的目的是模拟预测机载接收机中 RAIM 功能在预测当时当地是否可用。

② Baro-Aiding（气压高度辅助）。

气压高度辅助系统是一个集成的 ABAS，允许 GPS 使用一个非卫星信号的输入源（飞机气压高度输入源）代替 1/5 的所需卫星，同样可以满足 RAIM 精确度要求和完好性要求。气压高度辅助系统需要 4 颗卫星和 1 个飞机气压高度表输入源来检测系统完好性。所需卫星数量的减少进一步提高了 RAIM 的可用性，降低了卫星故障的影响。

③ IRS-Aiding（惯性参考系统辅助）系统。

IRS-Aiding 系统使用惯性参考系统来校正 GPS 信号，充分发挥各自优势并取长补短。该系统利用 GPS 的长期稳定性与适中精度来弥补 IRS（Inertial Reference System，惯性基准系统）的误差随时间传播或增大的缺点；利用 IRS 的短期高精度来弥补 GPS 接收机在受到干扰时误差增大或在被遮挡时信号丢失等缺点；借助惯性导航系统的姿态信息和角速度信息，提高 GPS 接收机天线的定向操纵性能，使之快速捕获或重新捕获 GPS 信号；借助 GPS 连续提供的高精度位置信息和速度信息，估计并校正惯性导航系统的位置误差、速度误差和其他误差参数，实现惯性导航系统的空中传递对准和标定，从而放宽对其提出的精度要求。

（2）SBAS

SBAS 是一种广域覆盖增强系统，通过地球同步卫星搭载的导航增强信号发射器向用户播发星历误差、卫星钟差、电离层延迟等多种修正信息，从而改进原有导航卫星系统定位的精度。

SBAS 主要由 SBAS 卫星、SBAS 机载接收机和地面设备组成。其中，地面设备包括卫星通信地球站（Earth Station of Satellite）、参考站和主站，各站之间利用地面通信网络连接。

每个参考站有多台 GNSS 接收机，用于跟踪并测量到可见卫星的伪距，并将测量结果发送到主站。主站负责证实卫星信号的完好性，计算一系列修正量，同时汇总系统的状态数据，并将处理结果通过地球同步卫星数据链发送给广大用户，从而达到提高定位精度的目的。在可预见的未来，中国民航将不再采用 SBAS 作为 GNSS 增强系统。

目前，全球已经建立了多个 SBAS，包括美国的 WAAS、欧洲地球静止导航重叠服务（European Geostationary Navigation Overlay Service，EGNOS）、日本的多功能 GPS 卫星星

基增强系统（Multi-Functional Satellite Augmentation System，MSAS）和印度的 GPS 辅助静地轨道增强导航（The GPS-Aided GEO Augmented Navigation，GAGAN）系统等。从全球航空器的使用情况来看，目前仍以 WAAS 和 EGNOS 为主。

WAAS 是由美国联邦航空局开发建立的用于空中导航的卫星传播系统，该系统主要通过解决广域差分 GPS 的数据通信问题来提高 GPS 的精度和可用性。

（3）GBAS

GBAS 是由 ICAO 提出的一种用于航空器进行精密进近的差分 GPS 系统。它在通过差分定位提高卫星导航精度的基础上增加了一系列完好性监视算法，提高了系统的完好性、可用性、连续性，在机场覆盖空域范围内配有相应机载设备的飞机可以获得 CAT I（I 类精密进近）甚至更高标准的精密进近、着陆引导服务。与 ABAS 和 SBAS 相比，GBAS 的精度更高，可以达到的着陆标准更低。

GBAS 由地面站、监控设备和机载设备组成。其中，地面站包括四对参考接收机和天线、地面数据处理设备、VDB（Verg-High Frequency Data Broadcast，甚高频数据广播）设备和 VDB 天线等。地面数据处理设备结合来自每个参考接收机的测量值产生可见卫星的差分校正值；同时，通过实时监测导航信号本身或地面站的异常，形成导航卫星系统和本站自身的完好性信息；之后把 FAS（Full Analysis Set，全分析集）数据、校正值和完好性信息通过 VDB 播发给机载用户。一套 GBAS 设备可以为其所在机场的所有跑道端提供服务。

附录 A

C172R 正常操作程序及正常飞行程序检查单

需要注意的是，该操作程序涉及机组配合；PF 代表操纵飞机的驾驶员；PNF 代表不操纵飞机的驾驶员；引号（" "）内的文字为口令或通话内容。

（一）安全检查

项目	左座	右座
舵面锁	解除	
磁电机钥匙	拔除（在储物盒内）	
总电门/交流发电机电门	关	
停留刹车	设置（拉出并逆时针旋转 90°）	
混合比杆	慢车/关断位	
配平控制轮	起飞位	
燃油选择器	BOTH 位	
灭火器	检查（压力绿区）	
襟翼	放 30°（襟翼底下无人）	

（二）外部检查（由 PF 完成）

1. 按照左侧机身—尾翼—右机翼—机头—左机翼的顺序检查。

2. 放油操作（13 个点），油杯要与放油口对正，插入力量不要过大，渗出的油要擦拭干净。

3. 当滑油少于 5 UKqt 时，不准操作。

4. 检查空速管加温系统是否能正常进行，在 30 s 内完成。

5. 检查所有灯光，如果计划夜间飞行，应确保有手电筒。

6. 检查配平控制轮的位置。

（三）驾驶舱初始准备

项目	左座	右座
飞行文件		检查
安全带、舱门、座椅	检查	检查
断路器开关	按入	
主电门	开（检查电瓶电压）	
检查油量，计算平衡	由 PNF 完成	
警告灯板	测试	
仪表面板	检查（设置初始位置）	
BUS1	接通冷却风扇（可听见风扇工作声音正常）	
所有电门（BAT、电动燃油泵、外部灯光、空速管加温系统、BUS1、BUS2）	关	
驾驶盘检查（舵面偏转与驾驶盘偏转对应）	由 PF 完成	
	"座舱检查单"	
		"座舱检查单完成"

（四）发动机启动

项目	左座	右座
	开 BAT、BUS1、BUS2，设置音频控制板和 COM1	
	"**你好，****检查好，停机位**，请求开车"	
	关音频控制板和 COM1、BUS1、BUS2、BAT	
防撞灯/航行灯	开	
	"开车前检查单"	
		"开车前检查单完成"
螺旋桨区域	打手势	打手势
油门	全打开（推入）	
混合比杆	全富油位（最前端）	
电动燃油泵	接通，燃油流量有指示 5 s 后关	
混合比杆	慢车/关断位	
油门	冷启动打开 1/4，热启动打开 1/2	
电磁机	接通（当发动机爆发后松开）	
混合比杆	柔和地推到全富油位	
油门	1000 RPM	
滑油压力	检查（有指示，若 30 s 内无指示，则关车）	检查

（五）开车后项目

项目	左座	右座
交流发电机	开（检查电压表指示 28 V、电流表指示正值）	
BUS1 和 BUS2	开	
无线电设备	开	
襟翼	收上	
陀螺半罗盘	校对（方法同磁罗盘校对方法）	
	"开车后检查单"	
		"开车后检查单完成"
设置通信、导航频率和 GPS	由 PF 完成	
起飞简令	由 PF 完成	

（六）发动机试车

项目	左座	右座
滑油温度和滑油压力指示绿区	检查	检查
混合比杆	全富油位（按入）	
油门	1800 RPM	
磁电机（双磁－左磁－双磁－右磁－双磁）	检查，最大掉转 150 RPM，左磁、右磁掉转差小于 50 RPM	检查
油门杆	慢车位，转速为 575～625 RPM	
混合比	慢收，转速先上升后下降	
混合比杆	全富油位（按入）	
油门	全功率	
混合比	调贫混合比，使发动机转速达到最大值	
油门	1000 RPM	
调节油门杆摩擦制动器	由 PF 完成	

（七）滑行

项目	PF	PNF
	"****检查好，请求滑行"	
滑行灯	开	
	打手势	
停留刹车	解除	
刹车	飞机滑动后检查（动作要柔和，有效应即可）	
飞机上滑行道		"脱离障碍"
	"滑行项目"	
		"我操纵"

续表

项目	PF	PNF
	"你操纵"	
		全行程检查驾驶盘、方向舵
		"完成检查"
	"我操纵"	
		"你操纵"
	"滑行检查单"	
		"滑行检查单完成"

（八）起飞前项目

项目	PF	PNF
五边无飞机	"****检查好，请求进跑道"	
着陆灯		开
频闪灯		开
应答机		ALT 位
燃油选择器		双组位

（九）起飞程序

项目	PF	PNF
对正跑道	刹车	
油门	1800 RPM（检查发动机参数）	校对起飞航向
	"****检查好，请求起飞"	
	松刹车，控制滑跑方向	
油门	全功率	
		"40 KIAS"
	"检查"	
速度 55 KIAS		"抬轮"
	上升速度 75 KIAS（抬头姿态 8°）	
300 ft AGL		"300 ft"
	"起飞后项目"	
		关着陆灯/滑行灯
过渡高度	"起飞后检查单"	
		"起飞后检查单完成"

（十）复飞程序

1. ILS 进近到决断高度，没有建立目视或没有收到看跑道指令，复飞。

2．非精密进近到最低下降高，没有建立目视或没有收到看跑道指令，加油门。

项目	PF	PNF
		"决断高" / "最低下降高"
	"复飞"	
油门	加全功率	
	"襟翼 10°"	
襟翼		收 10°
	爬升速度 70 KIAS 上升	
300 ft AGL		"300 ft"
	"襟翼 0°，起飞后项目"	
		收襟翼 0°，关着陆灯/滑行灯
	带杆，防止掉机头	
	爬升速度 75 KIAS	

（十一）着陆后项目

项目	PF	PNF
飞机脱离跑道		
	"着陆后项目"	
着陆灯		关
频闪灯		关
应答机		STBY
襟翼		收上

（十二）发动机关车程序

项目	PF	PNF
停留刹车	设置	
滑行灯	关	
油门	1800 RPM	
	"****到位，关车再见"	
电子设备电源	关	
油门杆	慢车位	
磁电机关断	试验	
混合比杆	慢车/关断位	
磁电机钥匙	拔出	
交流发电机	关	
外部灯光	关	
燃油选择器	右位（防止交叉流动）	
主电门	关	
舵面锁	锁上	

项目	PF	PNF
	"关车检查单"	
		"关车检查单"
飞行文件		填写

（十三）C172R 正常飞行程序检查单

座舱检查单	起飞后检查单
文件/机务放行-----------------------检查	# 高度表------------------------------- Q— ___, ___ft
* 飞机燃油\重量\平衡-----------------计算	着陆灯和滑行灯----------------------------关
舵面锁-----------------------------取下	襟翼-----------------------------------收上
磁电机------------------------------关	通信、导航频率----------------------------设置
* 警告灯----------------------------测试	**巡航检查单**
BAT--------------------------------关	巡航功率--------------------------------设置
* 断路器----------------------------按入	高度表----------------------------- Q— ___, ___ft
BUS1 和 BUS2------------------------关	通信、导航频率----------------------------检查
备用静压源--------------------------关	**进近检查单**
停留刹车----------------------------设置	导航频率--------------------------------核对
襟翼-------------------------------30°	入口速度----------------------------- Vref___
燃油关断活门------------------------开	# 高度表------------------------------- Q— ___, ___ft
* 燃油选择活门----------------------双位	# 进近简述------------------------------完成
灭火器-----------------------------检查	航向-----------------------------------校准
开车前检查单	混合比--------------------------------按需要
* 舱门、座椅、安全带------------------检查	# 燃油选择活门--------------------------双位
ALT--------------------------------关	**五边检查单**
BAT--------------------------------开	磁电机--------------------------------双磁位
* 高度表---------------- Q①— ___, ___ft	混合比-------------------------------调富混合比
防撞灯------------------------------开	襟翼----------------------------------- ___°
航行灯------------------------------开	燃油选择活门---------------------------双位
* 配平----------------------------起飞位	**停机检查单**
油门------------------------------按需要	磁电机钥匙------------------------------拔出
混合比------------------------------关断	BUS1、BUS2------------------------------关
* 抬前轮速度------------------- 55 KIAS	空速管加温系统---------------------------关
开车后检查单	外部灯光--------------------------------关
* 发动机仪表------------------------检查	燃油泵----------------------------------关
* 磁电机----------------------------双磁位	混合比杆-----------------------------慢车/关断位
ALT--------------------------------开	燃油选择活门------------------------------R
电器设备----------------------------设置	襟翼-----------------------------------收上
襟翼--------------------------------0°	停留刹车--------------------------------设置
混合比------------------------------调整	飞行文件--------------------------------填写
* 导航设备--------------------------设置	BAT-----------------------------------关

续表

滑行检查单	
刹车 ---检查	
飞行操纵 --检查	
仪表 ------------------------------------- 航向___	
襟翼 --------------------------------------- ___°	
* 配平 ------------------------------------起飞位	
座舱报告 ----------------------------------收到	

* 为不关车换人检查项目。

\# 为连续进近或起落飞行时可省略的检查项目。

① Q 表示气压基准面设置，按需可设置为 QNH、QNE、QFE。

参考文献

[1] 中国民用航空局. 民用航空器驾驶员合格审定规则：CCAR-61-R5 [S]. 2018.

[2] BRUCE WILLIAMS. Microsoft Flight Simulator as a Training Aid: A Guide for Pilots，Instructors，and Virtual Aviators[M]. 2 版. Newcastle：Aviation Supplies & Academics Inc，2007.

[3] 塞斯纳飞机公司. 飞行员操作手册和 FAA 批准的飞机飞行手册（型号 172R 选装 NAV III 电子设备）[Z]. 2006.

[4] 杨俊，杨军利，叶露. 飞行原理[M]. 2 版. 成都：西南交通大学出版社，2012.

[5] 陈肯，何光勤，黄邦菊. 航空情报服务[M]. 成都：西南交通大学出版社，2017.

[6] 朱代武，何光勤. 目视和仪表飞行程序设计[M]. 3 版. 成都：西南交通大学出版社，2016.

[7] 中国民用航空局飞行标准司. 连续下降最后进近（CDFA）：AC-121/135FS-2013-46 [S]. 2013.

[8] 中国民用航空局飞行标准司. 小型航空器实施非传统仪表飞行的运行要求：AC-91-FS-2018-036 [S]. 2018.

[9] 蒋维安. 基于性能导航（PBN）程序理论与实践[M]. 成都：西南交通大学出版社，2015.

反侵权盗版声明

电子工业出版社依法对本作品享有专有出版权。任何未经权利人书面许可，复制、销售或通过信息网络传播本作品的行为；歪曲、篡改、剽窃本作品的行为，均违反《中华人民共和国著作权法》，其行为人应承担相应的民事责任和行政责任，构成犯罪的，将被依法追究刑事责任。

为了维护市场秩序，保护权利人的合法权益，我社将依法查处和打击侵权盗版的单位和个人。欢迎社会各界人士积极举报侵权盗版行为，本社将奖励举报有功人员，并保证举报人的信息不被泄露。

举报电话：（010）88254396；（010）88258888

传　　真：（010）88254397

E-mail：　dbqq@phei.com.cn

通信地址：北京市万寿路 173 信箱
　　　　　电子工业出版社总编办公室

邮　　编：100036

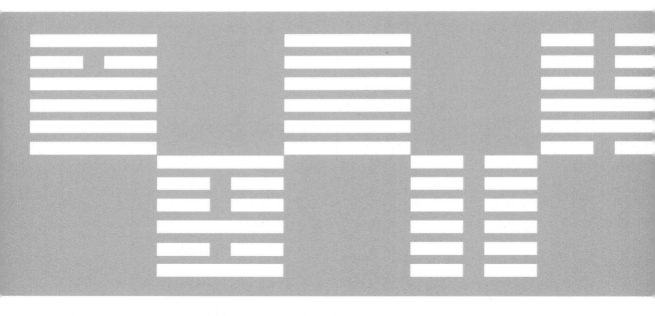

责任编辑：朱怀永
责任美编：孙焱津

ISBN 978-7-121-35421-2

9 787121 354212 >

定价：41.80 元